Rüdiger Benz

Fahrzeugsimulation zur Zuverlässigkeitsabsicherung von karosseriefesten Kfz-Komponenten

Universität Karlsruhe (TH)

Schriftenreihe des Instituts für Technische Mechanik

Band 6

Fahrzeugsimulation zur Zuverlässigkeitsabsicherung von karosseriefesten Kfz-Komponenten

von
Rüdiger Benz

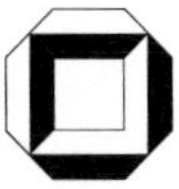

universitätsverlag karlsruhe

Dissertation, Universität Karlsruhe (TH),
Fakultät für Maschinenbau,
Tag der mündlichen Prüfung: 8. März 2007,
Referent: Prof. Dr.-Ing. Wolfgang Seemann,
Korreferent: Prof. Dr. rer. nat. Frank Gauterin,
Korreferent: Prof. Dr.-Ing. Dr. h.c. Jörg Wauer

Impressum

Universitätsverlag Karlsruhe
c/o Universitätsbibliothek
Straße am Forum 2
D-76131 Karlsruhe
www.uvka.de

Universitätsverlag Karlsruhe 2008
Print on Demand

ISSN: 1614-3914
ISBN: 978-3-86644-197-2

Kurzfassung

Für die Zuverlässigkeitsabsicherung von Kraftfahrzeugkomponenten werden in der Fahrzeugzulieferindustrie vor der Freigabe umfangreiche Fahrzeugmessungen mit Prototypen durchgeführt, um die mechanische Belastung dieser Komponenten durch Fahrzeugschwingungen zu untersuchen und später ein Versagen im Betrieb auszuschließen. Aufgrund des hohen experimentellen Aufwandes sind Fahrzeugmessungen zeit- und kostenintensiv. Numerische Simulationen mit Gesamtfahrzeugmodellen bieten die Möglichkeit, den experimentellen Aufwand deutlich zu reduzieren. Außerdem können mit virtuellen Prototypen, die bereits vor realen Prototypen existieren, zu einem früheren Zeitpunkt Vorhersagen über die zu erwartenden Schwingbelastungen getroffen werden. Hierdurch kann eine höhere Entwicklungsqualität bei geringerer Entwicklungsdauer erwartet werden.

Inhalt dieser Arbeit ist eine Machbarkeitsstudie, in der die Möglichkeiten und die Grenzen der numerischen Fahrzeugsimulation zur Zuverlässigkeitsabsicherung von Kraftfahrzeugkomponenten aufgezeigt werden. Dabei wird ein bestehendes Gesamtfahrzeugmodell verwendet, das bei einem Fahrzeughersteller entwicklungsbegleitend eingesetzt wird. Vergleichsmessungen an einem realen Fahrzeug liefern den experimentellen Hintergrund für eine Validierung.

Neben der deterministischen Modellierung der Fahrbahn werden stochastische Ansätze zur Beschreibung der Fahrbahnrauhigkeit untersucht. Eine wichtige Rolle bei der Fahrzeugmodellierung spielen die eingesetzten Reifenmodelle. Verschiedene kommerzielle Modelle werden vorgestellt und zum besseren Verständnis der wichtigsten physikalischen Zusammenhänge wird ein eigenes Reifenmodell erstellt.

Bei der Analyse der erforderlichen Modellkomplexität des Fahrzeugmodells zeigt sich, dass ein detailliertes Mehrkörpersystemmodell mit einer elastischen Karosserie an den betrachteten Referenzstellen gute Übereinstimmungen zu Messungen erzielt. Stochastische Unebenheiten spielen bei dieser Anwendung eine untergeordnete Rolle.

Karosseriefeste Komponenten, die keinen direkten Einfluss auf den Komfort des Fahrers oder die Fahrdynamik des Fahrzeugs haben, sind in bestehenden Fahrzeugmodellen der Fahrzeughersteller häufig nicht oder nur unzureichend für die hier betrachteten Fragestellungen modelliert. Daher wird in dieser Arbeit insbesondere auf die Modellierung dieser Komponenten und ihrer Kopplung an die Karosserie eingegangen. Die Zentraleinheit des Elektronischen Stabilitätsprogramms, das ESP-Hydroaggregat, wird abschließend als Anwendungsbeispiel modelliert und analysiert. Mit den vorgestellten virtuellen Methoden und Modellen können gute Übereinstimmungen zu Messergebnissen erzielt werden.

Diese Arbeit zeigt mit dem Einsatz virtueller Prototypen viel versprechende Möglichkeiten für den Systementwickler auf. Eine enge Zusammenarbeit zwischen Systemlieferant und Fahrzeughersteller ist die Voraussetzung für den erfolgreichen Einsatz mit beidseitigem Nutzen.

Englische Kurzfassung

In the automotive supplier industry extensive tests with prototypes are carried out to cover the reliability of vehicle components with respect to vibrations excited by the road before they are released to customers. Due to this high experimental effort, car measurements are both time and cost intensive. Numerical simulations using a full vehicle model do offer the possibility to clearly reduce this experimental effort. In addition, virtual prototypes that exist prior to real prototypes can determine the vibrational load at an earlier stage in the development process. Thus, high development quality paired with short development time can be expected.

Content of this work is a feasibility study which shows the possibilities and limitations of numerical vehicle simulations that are executed to investigate the reliability of vehicle components. For this study an already existing full vehicle model is utilized which is in use in the development process of an OEM. Measurements based on a real vehicle provide the experimental background for validation.

In addition to deterministic modeling of the road surface, two stochastic approaches are examined to describe the roughness of the road. Tire models play an important part within vehicle modeling. Therefore, various commercial models are presented, and for a detailed understanding of the most important physical effects, an own tire model is created.

By analyzing the required complexity of the vehicle model it can be shown that a detailed multi-body system model with an elastic car body achieves good correlations to measurements at the respective reference points. Stochastic unevenness plays a subordinate role in this application.

In vehicle models of OEMs car body fixed components which have no direct influence on the comfort of the driver or the dynamics of the vehicle are frequently neglected or inadequately modeled for the application considered here. Therefore, in this work particular interest is laid on the modeling of these components and their coupling to the car body.

The central unit of the electronic stability program, the ESP hydraulic modulator, is modeled and analyzed as an example. By applying the presented virtual methods and models good correlations can be achieved between numerical and experimental results.

This work shows encouraging potential for the system developer who uses virtual prototypes. A close co-operation between system supplier and OEM is a pre-requisite to achieve successful performance as a twofold benefit.

Danksagung

Die vorliegende Arbeit entstand während meiner Tätigkeit im zentralen Bereich Forschung und Vorausentwicklung der Robert Bosch GmbH. Die wissenschaftliche Betreuung erfolgte durch die Fakultät für Maschinenbau der Universität Karlsruhe (TH).

Mein besonderer Dank gilt den Herren Prof. Dr.-Ing. Wolfgang Seemann und Prof. Dr.-Ing. Dr. h.c. Jörg Wauer vom Institut für Technische Mechanik für die Betreuung der Arbeit und die Übernahme des Haupt- und eines Korreferates. Durch Ihr stetes Interesse am Fortgang der Arbeit und durch die wissenschaftlichen Diskussionen und Hilfestellungen machten Sie den erfolgreichen Abschluss der Arbeit erst möglich. Herrn Prof. Dr. rer. nat. Frank Gauterin, Leiter des Instituts für Fahrzeugtechnik und Mobile Arbeitsmaschinen, danke ich sehr für die Übernahme des Korreferates, sein Interesse und seine sorgfältige Begutachtung der Arbeit.

Aus dem Hause Robert Bosch GmbH danke ich herzlich den Herren Dipl.-Ing. Peter Walz und Dipl.-Ing. Gerd Schlesak für die Anregung, die fachkundige Unterstützung sowie die unzähligen wertvollen Diskussionen. Für die angenehme, anregende und freundschaftliche Arbeitsatmosphäre möchte ich mich ebenfalls bei allen Kolleginnen und Kollegen meiner Arbeitsgruppe bedanken. Eine enge und gute Zusammenarbeit bestand außerdem mit Kollegen des Engineering Test Centers. Stellvertretend möchte ich Herrn Dipl.-Ing. Ihsan Karaoguz nennen und für die zahlreichen Diskussionen und die tatkräftige Unterstützung, auch bei der Durchführung der Messungen, herzlich danken.

Nicht zuletzt möchte ich meiner Familie und besonders Christine für ihre unermüdliche moralische Unterstützung und Motivation, ihre unendliche Geduld und ihr Verständnis während der Entstehung dieser Arbeit ganz herzlich danken.

Inhaltsverzeichnis

Tabellenverzeichnis

Abbildungsverzeichnis

1 Einführung

1.1 Zuverlässigkeitsabsicherung von Kfz-Komponenten

Kraftfahrzeugkomponenten, die direkt an der Karosserie befestigt sind (z. B. Hydroaggregate oder Steuergeräte), müssen im Fahrzeug vor allem Schwingungsbelastungen aufgrund von Fahrbahnanregungen ertragen und dafür ausgelegt werden. Für die Zuverlässigkeitsabsicherung dieser Komponenten werden in der Fahrzeugzulieferindustrie vor der Freigabe umfangreiche Fahrzeugmessungen durchgeführt. Für karosseriefeste Komponenten sind Schwingungsmessungen bei der Fahrt über spezielle Prüfstrecken von großer Bedeutung. Durch die Fahrzeugmessungen werden praxisrelevante Bedingungen für Prüfstandserprobungen abgeleitet, auf deren Grundlage die Freigabe erfolgt.

1.2 Motivation

Die Fahrzeugmessungen, bei denen in der Regel Prototypen eingesetzt werden, sind zeit- und kostenintensiv. Numerische Simulationen mit Gesamtfahrzeugmodellen bieten die Möglichkeit, den experimentellen Aufwand und die damit verbundenen Kosten deutlich zu reduzieren. Während Messungen nur am realen Prototypenfahrzeug durchgeführt werden können, lassen sich numerische Simulationen an virtuellen Prototypen durchführen, die bereits vor einem realen Fahrzeug existieren. Darauf begründet sich ein weiterer Vorteil der Vorgehensweise, dass der Entwickler erheblich früher als bisher im Produktentstehungsprozess Hinweise über die zu erwartenden Belastungen im Fahrzeug bekommen kann. Entsprechende Gesamtfahrzeugmodelle werden bereits von Fahrzeugherstellern entwicklungsbegleitend eingesetzt. Hierdurch kann eine höhere Entwicklungsqualität bei geringerer Entwicklungsdauer erwartet werden. Zusätzlich kann durch Simulation die Analyse und das Verständnis von wichtigen Effekten des schwingenden Fahrzeugsystems effektiv unterstützt werden.

Es ist zu erwarten, dass in Zukunft aus den genannten Kosten- und Zeitgründen der Einsatz von Simulationsmodellen eine bedeutende Rolle bei der Zusammenarbeit zwischen den Fahrzeugherstellern und Zulieferern spielen wird.

1.3 Ziele

Ziel dieser Arbeit ist eine Machbarkeitsstudie, bei der die Möglichkeiten und Grenzen der numerischen Simulation für die Zuverlässigkeitsabsicherung von Kraftfahrzeugkomponenten aufgezeigt werden. Dabei soll untersucht werden, ob die Fahrzeugschwingungen, die bei der Fahrt über entsprechende Prüfstrecken gemessen werden, mit geeigneten Methoden und Modellen berechnet werden können. Ein Aspekt dabei ist die Analyse der erforderlichen Komplexität der Fahrzeug- und der Komponentenmodelle und deren Kopplung.

1.4 Gliederung der Arbeit

Im zweiten Kapitel dieser Arbeit wird ein kurzer Überblick über Arbeiten gegeben, die einer ähnlichen Thematik zuzuordnen sind. Gleichzeitig lässt sich daraus der Stand der Technik ableiten. Die Einführung der theoretischen Grundlagen, die in den darauf folgenden Kapiteln wieder aufgegriffen werden, erfolgt in Kapitel 3. Kapitel 4 gibt Aufschluss über den experimentellen Hintergrund. Hier werden die Messungen vorgestellt, die für die Validierung des Gesamtfahrzeugmodells Verwendung finden. Die Modellbildung des Gesamtfahrzeugs mit Reifen und Fahrbahn wird in Kapitel 5 vorgestellt und erläutert. Neben einer deterministischen Modellierung der Fahrbahn werden auch stochastische Ansätze untersucht. Zusätzlich zur Analyse eines kommerziellen Reifenmodells wird zum besseren Verständnis der wichtigsten physikalischen Zusammenhänge ein eigenes Reifenmodell erstellt. Die Validierung des Fahrzeugmodells erfolgt in Kapitel 6, wobei Simulationsergebnisse bei der Fahrt über eine Schlagleiste und über eine Waschbrettstrecke mit Messergebnissen verglichen werden. Karosseriefeste Komponenten, die keinen direkten Einfluss auf den Komfort des Fahrers oder die Fahrdynamik des Fahrzeugs haben, sind in bestehenden Fahrzeugmodellen der Fahrzeughersteller häufig nicht oder nur unzureichend für die hier betrachteten Fragestellungen modelliert. Daher wird in Kapitel 7 die Modellierung dieser Komponenten und ihrer Kopplung an die Karosserie vorgestellt und diskutiert. Eine Zusammenfassung der Arbeit und einen Ausblick gibt Kapitel 8.

2 Stand der Technik

Dieses Kapitel gibt einen Überblick über bisherige Forschungsarbeiten, die sich in das Themengebiet und das Umfeld dieser Arbeit einordnen lassen. Es wird hierbei unterschieden zwischen Arbeiten, die sich allgemeinen Themen der Fahrzeugsimulation widmen, Arbeiten, die einen speziellen Fokus auf Reifenmodelle haben und Arbeiten, die besonders auf die mechanische Schwingungsbelastung von einzelnen Bauteilen oder Komponenten eingehen. Dabei ist zu beachten, dass im Bereich der Fahrzeugsimulation viel industrielle Forschungsarbeit in der Fahrzeugindustrie geleistet wird, in die nur ein begrenzter Einblick möglich ist.

2.1 Simulation in der Fahrzeugentwicklung

Simulationen haben in der Fahrzeugentwicklung schon immer einen wichtigen Stellenwert eingenommen. Wurde bis vor einigen Jahren die Fahrzeugsimulation nur zu Konzeptstudien oder bei speziellen Fragestellungen eingesetzt, so ist sie heute schon wichtiger Bestandteil im Produktentstehungsprozess eines Fahrzeugs. Bei vielen Automobilherstellern existieren virtuelle Fahrzeugmodelle, bevor ein realer Prototyp gebaut wird. Dadurch können Entwicklungsschleifen in der Hardwarephase vermieden werden. Eine virtuelle Funktionsauslegung im späteren Entwicklungsprozess zur Optimierung der Bauteil-, Baugruppen- und Fahrzeugversuche sowie der Dauerläufe wird herangezogen, um die Zahl der Straßenversuche, Baustufen und Prototypen zu verringern [Gor06]. Die Bandbreite reicht dabei vom Digital Mockup in der Konzept- und der Serienentwicklung über Aerodynamik- und Akustikberechnungen bis hin zur Betriebsfestigkeitsanalyse und zur Fahrdynamiksimulation [Pap06].

Die Zunahme der Leistungsfähigkeit von Rechnern und die ständige Verbesserung und Anpassung von Softwaretools ist eine Entwicklung, die vor einigen Jahren begonnen hat und immer noch anhält. Dies hat den Einzug von Simulationsmethoden in den Entwicklungsprozess stark unterstützt. Eine Steigerung der Modellkomplexität und damit eine Bearbeitung immer detaillierterer Problemstellungen wird dadurch ermöglicht.

Ende der 1980er Jahre werden bereits erste erfolgreiche Schritte zur geometriebasierten Fahrzeugsimulation mit kommerzieller Mehrkörpersystem (MKS)-Software beschrieben [ZW88]. In den darauf folgenden Jahren entstehen zahlreiche Arbeiten, die sich mit effizienter Simulation der Fahrdynamik von Fahrzeugen, aber auch mit speziellen Fragestellungen wie zum Beispiel Achsschwingungsphänomenen, Schwingungen im Lenkungssystem oder Motorstuckern beschäftigen. Dazu gehören Arbeiten, wie beispielsweise [Sch90b], [AGRW95], [AGRW97], [Wim97], [AMR⁺01] und [SFR03], die Mehrkörpersystemmodelle benutzen. Finite Elemente Methoden (FEM), wie z. B. in [BF98] oder [Boh99] gezeigt, finden ebenfalls Verwendung. Dabei tauchen immer mehr Arbeiten auf, bei denen elastische Mehrkörpersysteme, die Verknüpfung von MKS- und FE-Methoden (vgl. Abschnitt 3.1), eingesetzt werden (vgl. z. B. [Pre99]).

Einen guten Überblick über den Einsatz von Simulationsmethoden im Entwicklungsprozess bei verschiedenen Fahrzeugherstellern vermittelt [LE00], [HPPK01], [Rie01], [WHMP02] und [Rau03]. In [RSR01] liegt der Schwerpunkt darauf, möglichst viele Fragestellungen mit einem Fahrzeugmodell bearbeiten zu können, wobei aus diesem Umfeld weitere Arbeiten wie z. B. [RSR00], [RSRS02], [RFR02] und [HRT03] zu finden sind. Der Einzug von mechatronischen Systemen im Fahrzeug wird auch in der Simulation berücksichtigt. So wird in [DLS⁺05] eine Vorgehensweise zur Optimierung von Fahrzeugmodellen mit mechatronischen Komponenten beschrieben.

Der Schwingungskomfort für den Fahrer wird z. B. in [Fru04] oder in [MK98] simulationstechnisch untersucht, wobei neben der Fahrbahnanregung und deren Modellierung (vgl. [FR01]) das Schwingungsempfinden des Menschen berücksichtigt wird. Für den Komfort des Fahrers spielen zunehmend akustische Fragestellungen eine Rolle, die beispielsweise in [KMFK03] oder [Rau05] analysiert werden.

Während in [Voy77] Fahrzeugmodelle zur Simulation vertikaler Fahrzeugschwingungen diskutiert werden, gibt es zahlreiche Arbeiten, die sich mit reinen längs- und querdynamischen Fragestellungen auch in Verbindung mit Echtzeitsimulationen beschäftigen. Mit [Keß89], [Fri93] und [Rie97] ist sicher nur eine kleine Anzahl von Arbeiten aus diesem Themengebiet genannt.

Zur Analyse einer Vielzahl von Effekten der Fahrzeugdynamik werden experimentelle Prüfstände genutzt. Davon abgeleitet finden virtuelle Prüfstände in der Simulationstechnik Verwendung. In [NHDS04] wird dieser Ansatz mit guten Übereinstimmungen zu

Messergebnissen bei Betriebsfestigkeitsberechnungen eingesetzt. Hierbei werden gemessene Lasten aus Fahrversuchen einem Fahrzeugmodell aufgeprägt. Eine ähnliche Methode wie der Einsatz virtueller Prüfstände ist die Verwendung sogenannter Hybrid-Roads (vgl. [BLOO05]). Hierbei wird in einem iterativen Prozess mit Hilfe eines Fahrzeugmodells anhand gemessener Kräfte und Momente an der Radnabe eine Fahrbahnanregung errechnet, die als Grundlage für weitere Simulationen dient. Auf diese Weise kann eine direkte messtechnische Erfassung der Fahrbahn umgangen werden.

Ein interessanter Ansatz im Umfeld der Fahrzeugmodellierung wird in [Hei06] vorgestellt. Während häufig die Integration von flexiblen Strukturen als FE-Modelle in MKS-Umgebungen verfolgt wird (vgl. Abschnitt 3.1), wird darin die automatisierte Überführung von bestehenden MKS-Modellen in FE-Umgebungen beschrieben.

Es gibt eine Vielzahl an Grundlagenwerken und Lehrbüchern, die einen Einstieg und Überblick in die Systemdynamik und Modellierung von Fahrzeugen ermöglichen, gleichzeitig aber auch detaillierte Grundlagen vermitteln. Dazu zählen beispielsweise Werke wie [PS93], [Ril94], [Amm97], [Wil98], [Gip99], [Rei00], [Ril] und [MW04]. Ein zusätzlicher Schwerpunkt wird in [KN00] und [KL94] auf Regelungssysteme, in [Rei86] und [Pac02] auf Reifen gelegt.

2.2 Einsatz von Reifenmodellen

Die ersten Untersuchungen zur Anregung von Luftreifen durch Schlechtwegstrecken beginnen in den 1960er Jahren. Es werden Modelle entwickelt, die zunächst nur experimentelle Ansätze zur Beschreibung des sogenannten *Enveloping Behavior* des Reifens beinhalten. Das Enveloping Behavior beschreibt die Fähigkeit des Reifens, sich beim Überrollen von Hindernissen zu deformieren. Erst in den späten 1980er Jahren gelangt man zu den ersten dynamischen Reifenmodellen, welche die Masse des Reifens berücksichtigen. Unter einem dynamischen Reifenmodell wird hier die Abbildung von mindestens einer Schwingungsmode verstanden. In der letzten Dekade wird eine Vielzahl neuer dynamischer Reifenmodelle vorgestellt, da das Interesse an virtuellen Prototypen und Simulationsanwendungen für Ride-, Komfort- und Dauerfestigkeitsuntersuchungen in der Fahrzeugtechnik stark zunimmt. Dies bringt auch die Kommerzialisierung einiger relevanter Reifenmodelle mit sich. Eine sehr gute Literaturübersicht über bisherige und aktuelle Reifenmodelle wird in [Sch04] gegeben.

Die kommerziellen Reifenmodelle SWIFT (Short Wavelength Intermediate Frequency Tyre Model), FTire (Flexible Ring Tire Model) und RMOD-K (Reifenmodell für

Komfortuntersuchungen), die speziell für einen komfortrelevanten Frequenzbereich gültig sind, werden in Abschnitt 3.2 näher vorgestellt. Grundlagen zu Kontakt- und Schwingungsverhalten der Reifen werden unter anderem im Rahmen eines DFG-Forschungsvorhabens entwickelt (vgl. [BEK90], [Böh91], [Böh93], [BK98]). Auch Erkenntnisse aus dem Reifenmodell DNS-Tire, ein räumliches, dynamisches und nichtlineares Reifenmodell (vgl. [Gip87] und [Gip96]), fließen in die Entwicklung kommerzieller Reifenmodelle ein.

Weiterführende Modifikationen des Reifenmodells RMOD-K werden aktuell sowohl als CDTire als auch als RMOD-K V7 kommerziell vertrieben (vgl. [GdCDB05] und [Oer02]). Eine Unterscheidung dieser beiden Modelle wird im Rahmen dieser Arbeit nicht vorgenommen.

Sehr viele Arbeiten existieren, die sich mit der Reifenmodellierung zur reinen Längs- und Querdynamiksimulation beschäftigen. Zu den bekanntesten gehört das Magic-Formula Reifenmodell (vgl. [BLP89], [BNP87], [PB93], [PB97], [Pac05]). Aber auch andere Modelle, wie das Reifenmodell IPG-Tire (vgl. [SW88]) oder ein in [Ape91] beschriebenes Reifenmodell zählen dazu. Damit ist nur eine kleine Anzahl an Reifenmodellen mit diesem Einsatzgebiet erwähnt.

Der Vergleich von Reifenmodellen ist immer wieder Gegenstand von Untersuchungen und Analysen im industriellen und universitären Forschungsumfeld. Aktuell wird im Tyre Model Performance Test (TMPT) der Vergleich verschiedener Reifenmodelle in unterschiedlichen Software-Umgebungen durchgeführt. In [LP05] und [LPP05] werden bereits erste Ergebnisse angedeutet.

2.3 Simulation von Komponenten- und Bauteilbelastungen

Es existiert nur eine verhältnismäßig geringe Zahl an Arbeiten, die sich speziell mit der mechanischen Belastung bestimmter Komponenten oder Bauteile im Fahrzeug befassen. Häufig beschränken sich diese Arbeiten auf Bauteile, die für den Komfort des Fahrers oder die Dynamik des Gesamtfahrzeuges relevant sind. In [Lio01] wird der Einsatz von Gesamtfahrzeugsimulationen zur Berechnung der Belastung von Fahrwerksbauteilen vorgestellt. Ein besonderer Augenmerk liegt dabei auf der temperaturabhängigen Modellierung der Fahrwerksdämpfer. In [ERKK98] wird der Antriebsstrang eines allradgetriebenen Fahrzeugs unter der Verwendung von Fahrzeugsimulationen betrachtet.

Weitere Untersuchungen zu ähnlichen Fragestellungen werden in [RH00], [RHS01] gezeigt. Eine interessanter Ansatz ist die Auslegung von Motorlagern in [RRF04] mit Hilfe von Gesamtfahrzeugsimulationen.

Diese Arbeit lässt sich ebenfalls in diesen Themenbereich einordnen. Ein Konzept, bestehende Fahrzeugmodelle und Komponentenmodelle zur Zuverlässigkeitsabsicherung der Komponenten zu koppeln, wird erstmals in [BSW$^+$05] vorgestellt. Simulationsergebnisse am Beispiel einer Komponente zeigt [BSW$^+$06] mit guten Übereinstimmungen zu Messungen.

Einige Arbeiten in diesem Umfeld gehen über die reine Ermittlung der Belastungen hinaus und stellen zusätzlich Betriebsfestigkeitsberechnungen und -vorhersagen dar (vgl. z. B. [LR00], [Lio04], [Lio05], [Kip05], [Sch05a], [KGH05] und [Rio06]).

3 Grundlagen

Dieses Kapitel vermittelt die Grundlagen zu den Themen, auf die in den folgenden Kapiteln aufgebaut wird. Zunächst werden elastische Mehrkörpersysteme betrachtet. Die Kopplung von Komponenten an eine elastische Struktur (vgl. Kapitel 7) setzt ein detailliertes Verständnis der Reduktionsverfahren bei elastischen Mehrkörpersystemen voraus. Im Anschluss daran werden die Grundzüge der Modellierungstechniken von Reifenmodellen vorgestellt, auf die in Kapitel 5 zurückgegriffen wird. Dabei wird zunächst eine Klassifizierung der Modelle vorgenommen. Bei der Analyse und Validierung der Simulationen werden Sensitivitätsstudien und Parameteridentifikationen eingesetzt (vgl. Kapitel 6), die am Ende dieses Kapitels eingeführt werden.

3.1 Elastische Mehrkörpersysteme

3.1.1 Mehrkörpersysteme

Ein Mehrkörpersystem (MKS) besteht aus massebehafteten starren Körpern, auf die an diskreten Punkten Einzelkräfte und Einzelmomente einwirken. Die Kräfte und Momente gehen auf masselose Federn, Dämpfer und Stellmotoren sowie auf starre Gelenke und beliebige andere Lagerungen zurück. Daneben können eingeprägte Volumenkräfte und -momente auf die starren Körper wirken [Sch86]. Die Methode der Mehrkörpersysteme eignet sich besonders zur Modellierung von Systemen, die große nichtlineare Bewegungen ausführen und deren strukturdynamische Eigenschaften von untergeordneter Bedeutung sind. Dadurch wird die globale Bewegung eines Systems durch eine geringe Anzahl von Körpern, und damit von Freiheitsgraden, beschrieben. Werden auch die elastischen Verformungen der Körper berücksichtigt, spricht man von elastischen Mehrkörpersystemen [Tro02]; mitunter in der Literatur auch als flexible oder hybride Mehrkörpersysteme geführt (vgl. [Sch86] oder [SW99]).

Die Aufstellung der Bewegungsgleichungen von Mehrkörpersystemen erfordert in der technischen Praxis den Einsatz computergestützter Formalismen. Modellierungswerkzeuge erlauben hier, Bewegungsgleichungen automatisch und damit effizient aufzustellen. Die Generierungswerkzeuge lassen sich anhand des verwendeten Mehrköperformalismus, der Wahl der Koordinaten und der generierten Gleichungen, die symbolisch und/oder numerisch erzeugt werden, unterscheiden (vgl. [Sch90a], [KS93] und [Sha98]). Weitergehende Informationen, auch zu numerischen Verfahren, lassen sich unter anderem in [Lei92], [Sha98], [ESF98] [LMPS04] und [Hib06] finden.

Einen Überblick über die in dieser Arbeit eingesetzte Simulationssoftware wird in Abschnitt 5.4 gegeben.

3.1.2 Reduktionsverfahren von Finite Elemente Modellen

Eine sehr verbreitete Modellierungsmethode der strukturdynamischen Eigenschaften elastischer Körper ist die Beschreibung durch Finite Elemente. Bei großen Modellen oder feiner Diskretisierung der Körper entsteht bei dieser Methode leicht eine große Anzahl an Freiheitsgraden. Für eine effektive Berücksichtigung eines elastischen Körpers in ein MKS-System ist eine Reduktion der Freiheitsgrade notwendig. Im Folgenden werden verschiedene Reduktionsverfahren dargestellt. Weitere Informationen zu diesen Verfahren sind z. B. in [GK89] beschrieben. Die Umsetzung für das MKS-Programmsystem ADAMS (vgl. Abschnitt 5.4) wird in [MSC03] zusammengefasst. In [MJG04] wird die Einbindung von elastischen Körpern in das Programmsystem alaska, ein MKS-Softwaretool aus dem universitären Umfeld, aufgezeigt und gleichzeitig eine allgemeine Vorgehensweise behandelt.

3.1.3 Formalismus der Reduktion

Ausgangspunkt ist die Beschreibung eines Systems mit n Freiheitsgraden mit dem n x 1-Koordinatenvektor $\mathbf{u}$ in der Form

$$\mathbf{M\ddot{u}} + \mathbf{D\dot{u}} + \mathbf{Ku} = \mathbf{F} \tag{3.1}$$

mit der Massenmatrix $\mathbf{M}$, der Dämpfungsmatrix $\mathbf{D}$ und der Steifigkeitsmatrix $\mathbf{K}$, jeweils der Dimension n x n und den äußeren Kräften $\mathbf{F}$ der Dimension n x 1.

Der Formalismus der Reduktion ist für alle hier behandelten Verfahren identisch. Es wird eine Transformationsmatrix $\mathbf{\Phi}$ konstruiert, die es erlaubt, die n Freiheitsgrade des

Koordinatenvektors $\mathbf{u}$ mit Hilfe von m Freiheitsgraden des Koordinatenvektors $\mathbf{q}$ darzustellen, wobei idealerweise $m \ll n$ gilt. Für zeitunabhängige Transformationsmatrizen $\boldsymbol{\Phi}$ gilt

$$\mathbf{u} = \boldsymbol{\Phi}\mathbf{q}, \qquad \dot{\mathbf{u}} = \boldsymbol{\Phi}\dot{\mathbf{q}}, \qquad \ddot{\mathbf{u}} = \boldsymbol{\Phi}\ddot{\mathbf{q}}. \tag{3.2}$$

Dadurch lässt sich Gl. (3.1) in

$$\hat{\mathbf{M}}\ddot{\mathbf{q}} + \hat{\mathbf{D}}\dot{\mathbf{q}} + \hat{\mathbf{K}}\mathbf{q} = \hat{\mathbf{F}} \tag{3.3}$$

mit

$$\hat{\mathbf{M}} = \boldsymbol{\Phi}^{\mathrm{T}}\mathbf{M}\boldsymbol{\Phi}, \qquad \hat{\mathbf{D}} = \boldsymbol{\Phi}^{\mathrm{T}}\mathbf{D}\boldsymbol{\Phi}, \qquad \hat{\mathbf{K}} = \boldsymbol{\Phi}^{\mathrm{T}}\mathbf{K}\boldsymbol{\Phi} \tag{3.4}$$

umschreiben.

Für alle hier vorgestellten Verfahren ist zu beachten, dass für die Genauigkeit der Reduktion eine geschickte Wahl der reduzierten Freiheitsgrade eine große Rolle spielt. Eine gute Kenntnis des zu reduzierenden Systems ist daher von Vorteil.

3.1.4 Statische Reduktion

Der Grundgedanke der statischen Reduktion geht zurück auf [Guy65]. Geht man der Einfachheit halber zunächst von einem ungedämpften System

$$\mathbf{M}\ddot{\mathbf{u}} + \mathbf{K}\mathbf{u} = \mathbf{F} \tag{3.5}$$

aus, so lassen sich die Freiheitsgrade $\mathbf{u}$ neu sortieren und in Hauptfreiheitsgrade $\mathbf{u}_{\mathrm{M}}$ (Master) und Nebenfreiheitsgrade $\mathbf{u}_{\mathrm{S}}$ (Slave) einteilen. Damit lässt sich Gl. (3.5) in der Form

$$\begin{bmatrix} \mathbf{M}_{\mathrm{MM}} & \mathbf{M}_{\mathrm{MS}} \\ \mathbf{M}_{\mathrm{SM}} & \mathbf{M}_{\mathrm{SS}} \end{bmatrix} \begin{bmatrix} \ddot{\mathbf{u}}_{\mathrm{M}} \\ \ddot{\mathbf{u}}_{\mathrm{S}} \end{bmatrix} + \begin{bmatrix} \mathbf{K}_{\mathrm{MM}} & \mathbf{K}_{\mathrm{MS}} \\ \mathbf{K}_{\mathrm{SM}} & \mathbf{K}_{\mathrm{SS}} \end{bmatrix} \begin{bmatrix} \mathbf{u}_{\mathrm{M}} \\ \mathbf{u}_{\mathrm{S}} \end{bmatrix} = \begin{bmatrix} \mathbf{f}_{\mathrm{M}} \\ \mathbf{f}_{\mathrm{S}} \end{bmatrix} \tag{3.6}$$

darstellen. Geht man nun davon aus, dass die Masse des Körpers vollständig auf die Knotenpunkte der Hauptfreiheitsgrade verteilt wird und die äußeren Kräfte nur an diesen Massepunkten wirken, ist die Massenmatrix in den Nebenfreiheitsgraden nicht besetzt und es lässt sich der folgende statische Zusammenhang aufstellen:

$$\mathbf{K}_{\mathrm{SM}}\mathbf{u}_{\mathrm{M}} + \mathbf{K}_{\mathrm{SS}}\mathbf{u}_{\mathrm{S}} = \mathbf{0}. \tag{3.7}$$

Die Nebenfreiheitsgrade

$$\mathbf{u}_{\mathrm{S}} = -\mathbf{K}_{\mathrm{SS}}^{-1}\mathbf{K}_{\mathrm{SM}}\mathbf{u}_{\mathrm{M}} \tag{3.8}$$

können damit durch Hauptfreiheitsgrade $\mathbf{u}_M$ ausgedrückt werden. Eine Transformationsmatrix $\boldsymbol{\Phi}$ lässt sich mit Gl. (3.8) dann in der Form

$$\begin{bmatrix} \mathbf{u}_M \\ \mathbf{u}_S \end{bmatrix} = \boldsymbol{\Phi}\mathbf{q} \quad \text{mit} \quad \boldsymbol{\Phi} = \begin{bmatrix} \mathbf{I}_M \\ -\mathbf{K}_{SS}^{-1}\mathbf{K}_{SM} \end{bmatrix} \tag{3.9}$$

definieren, und man erhält das ungedämpfte System

$$\boldsymbol{\Phi}^{\mathrm{T}}\mathbf{M}\boldsymbol{\Phi}\ddot{\mathbf{q}} + \boldsymbol{\Phi}^{\mathrm{T}}\mathbf{K}\boldsymbol{\Phi}\mathbf{q} = \boldsymbol{\Phi}^{\mathrm{T}}\mathbf{F} \tag{3.10}$$

in reduzierten Freiheitsgraden.

Für gedämpfte Systeme wird die Dämpfungsmatrix $\mathbf{D}$ analog mit $\boldsymbol{\Phi}^{\mathrm{T}}\mathbf{D}\boldsymbol{\Phi}$ in das reduzierte System transformiert. Dieses Reduktionsverfahren stellt für gedämpfte Systeme mit kontinuierlich verteilten Massen jedoch nur eine Näherung dar. Außerdem hängt die Antwort der Nebenfreiheitsgrade nur von der Steifigkeitsmatrix $\mathbf{K}$ ab. Vorteilhaft ist die Reduktion der Zahl der Freiheitsgrade, die mit diesem Verfahren allerdings selten mehr als um 50 % reduziert werden kann.

3.1.5 Modale Reduktion

Das Verfahren der modalen Reduktion geht von folgendem Ansatz aus:

$$\mathbf{u}(t) = \boldsymbol{\phi}\,e^{j\omega t}. \tag{3.11}$$

Damit lässt sich für ein homogenes, konservatives Hilfssystem des allgemeinen Systems (siehe Gl. (3.1)), das verallgemeinerte Eigenwertproblem

$$\left(-\omega^2\mathbf{M} + \mathbf{K}\right)\boldsymbol{\phi} = \mathbf{0} \tag{3.12}$$

aufstellen, und es lassen sich die Eigenkreisfrequenzen ω und die dazugehörigen Eigenvektoren oder Moden $\boldsymbol{\phi}$ berechnen. Die Transformationsmatrix $\boldsymbol{\Phi}$ wird nun mit den Eigenformen 1 bis $m \ll n$ der kleinsten Eigenwerte als Ansatzvektoren bestückt:

$$\boldsymbol{\Phi} = [\boldsymbol{\phi}_1, ..., \boldsymbol{\phi}_m]^{\mathrm{T}}. \tag{3.13}$$

Damit ist die Transformationsmatrix die verkürzte Modalmatrix des konservativen Systems. Die Umformung verläuft wieder analog zur statischen Kondensation.

Das Verfahren ist umso effektiver und genauer, je geringer die nichtkonservativen Kräfte sind, die bei der Herleitung zunächst vernachlässigt werden. Mit diesem Verfahren lässt sich bei geeigneten Systemen ein sehr hoher Reduktionsgrad von bis zu 90 % [För74] erzielen. Da nur globale Ansatzfunktionen Eingang finden, werden kontinuierlich angreifende Kräfte deutlich besser approximiert als lokal wirkende infolge Kraftelementen oder Gelenken.

3.1.6 Gemischte statische und modale Reduktion

Die Kombination aus statischer und modaler Reduktion stellt ein effektives und wirkungsvolles Verfahren dar, da lokale Kräfte besser berücksichtigt werden können und gleichzeitig eine hohe Einsparung von Freiheitsgraden erzielt wird. Das Verfahren geht ursprünglich auf [Hur65] zurück und ist nach [CB68] auch als *Component-Mode-Synthesis* oder *Craig-Bampton-Methode* (vgl. [MSC03]) bekannt, wobei die reduzierten Freiheitsgrade als *Craig-Bampton-Moden* bezeichnet werden. Die Methode wird in dieser Arbeit für die Einbindung von FE-Modellen in MKS-Modelle eingesetzt. Sie wird bei dem hier eingesetzten Softwaretool ADAMS (vgl. Abschnitt 5.4) verwendet und ist in den Export-Schnittstellen relevanter FE-Software implementiert (vgl. z. B. [Küs04] oder [INT04]). Es ist dabei zu beachten, dass nichtlineare Eigenschaften eines FE-Modells bei der Reduktion linearisiert werden. Die Dämpfungseigenschaften des elastischen Körpers werden in der MKS-Umgebung über eine modale Dämpfung definiert. In [Cra87] sind weitere Informationen zu Component-Mode-Synthesis Verfahren zu finden.

Bei der gemischten statischen und modalen Reduktion wird zunächst die gleiche Aufteilung der Freiheitsgrade wie bei der statischen Reduktion (vgl. Gl. (3.6)) in Hauptfreiheitsgrade $\mathbf{u}_{\mathrm{M}}$ und Nebenfreiheitsgrade $\mathbf{u}_{\mathrm{S}}$ vorgenommen. Die Deformationen des Körpers, die durch die Einheitsverschiebungen der Hauptfreiheitsgrade entstehen, werden auch als *constraint modes* bezeichnet.

Zusätzlich wird ein Subsystem

$$\mathbf{M}_{\mathrm{SS}}\ddot{\mathbf{u}}_{\mathrm{S}} + \mathbf{K}_{\mathrm{SS}}\mathbf{u}_{\mathrm{S}} = \mathbf{f}_{\mathrm{S}} \tag{3.14}$$

durch das gedankliche Sperren der Hauptfreiheitsgrade mit $\mathbf{u}_{\mathrm{M}} = \mathbf{0}$ in Gl. (3.6) erzeugt. Das Subsystem wird gemäß Abschnitt 3.1.5 modal reduziert und durch die Moden $\phi_{\mathrm{S},1}$, ..., $\phi_{\mathrm{S},m}$ beschrieben. Diese Moden werden auch als *fixed boundary normal modes* bezeichnet. Die Transformationsmatrix

$$\mathbf{\Phi}_{\mathrm{S}} = \left[\phi_{\mathrm{S},1}, ..., \phi_{\mathrm{S},m}\right]^{\mathrm{T}} \tag{3.15}$$

ist die reduzierte Modalmatrix des Subsystems. Die Anteile aus statischer und modaler Reduktion werden dann wie folgt in der Transformationsmatrix $\mathbf{\Phi}$ zusammengefasst:

$$\mathbf{\Phi} = \begin{bmatrix} \mathbf{I}_{\mathrm{M}} & \mathbf{0} \\ -\mathbf{K}_{\mathrm{SS}}^{-1}\mathbf{K}_{\mathrm{SM}} & \mathbf{\Phi}_{\mathrm{S}} \end{bmatrix}. \tag{3.16}$$

Mit dieser Transformationsmatrix werden die Nebenfreiheitsgrade $\mathbf{u}_{\mathrm{S}}$ durch die Linearkombination

$$\mathbf{u}_{\mathrm{S}} = -\mathbf{K}_{\mathrm{SS}}^{-1}\mathbf{K}_{\mathrm{SM}}\mathbf{q}_{\mathrm{C}} + \mathbf{\Phi}_{\mathrm{S}}\mathbf{q}_{\mathrm{N}} \tag{3.17}$$

aus Koordinaten der statischen Verschiebungsformen $\mathbf{q}_C$ (constraint modes) und modalen Nebenfreiheitsgraden $\mathbf{q}_N$ (fixed boundary normal modes) approximiert, die gemeinsam die reduzierten Freiheitsgrade

$$\mathbf{q} = \begin{bmatrix} \mathbf{q}_C \\ \mathbf{q}_N \end{bmatrix} \tag{3.18}$$

bilden. Die Systemmatrizen des neuen Systems berechnen sich gemäß Gl. (3.4). Die reduzierte Steifigkeitsmatrix $\hat{\mathbf{K}}$ ist block-diagonal, die reduzierte Massenmatrix $\hat{\mathbf{M}}$ jedoch nicht. Damit ergibt sich eine Kopplung zwischen den Freiheitsgraden $\mathbf{q}_C$ und $\mathbf{q}_N$.

Die Beschreibung des Systems mit Craig-Bampton-Moden ist aus verschiedenen Gründen (vgl. [MSC03]) erst in orthonormalisierter Form für die Aufstellung der Bewegungsgleichungen geeignet, weshalb im folgenden Abschnitt die Orthonormalisierung der Craig-Bampton-Moden vorgestellt wird.

3.1.7 Orthonormalisierung der Craig-Bampton-Moden

Zur Orthonormalisierung wird das Eigenwertproblem

$$\lambda \hat{\mathbf{M}} \mathbf{r} = \hat{\mathbf{K}} \mathbf{r} \tag{3.19}$$

aufgestellt. Die durch die Lösung des Eigenwertproblems ermittelten Eigenvektoren $\mathbf{r}$ werden in der Transformationsmatrix $\mathbf{R}$ angeordnet, mit der

$$\mathbf{q} = \mathbf{R}\mathbf{q}_{\text{orth}} \tag{3.20}$$

gilt. Damit lässt sich der Koordinatenvektor $\mathbf{u}$ der ursprünglichen Freiheitsgrade in folgender Weise darstellen:

$$\mathbf{u} = \mathbf{\Phi}\mathbf{q} = \mathbf{\Phi}\mathbf{R}\mathbf{q}_{\text{orth}} = \mathbf{\Phi}_{\text{orth}}\mathbf{q}_{\text{orth}}. \tag{3.21}$$

Die orthonormalisierten Craig-Bampton-Moden, die in $\mathbf{\Phi}_{\text{orth}}$ angeordnet sind, sind nicht die Eigenvektoren des Originalsystems. Sie sind jedoch Eigenvektoren der Craig-Bampton Form des Systems und haben als solche eine Eigenfrequenz zugeordnet. Zur einfacheren Darstellung wird im Folgenden auf eine Unterscheidung zwischen $\mathbf{\Phi}_{\text{orth}}$ und $\mathbf{\Phi}$ verzichtet. Mit $\mathbf{\Phi}$ wird nun die orthonormalisierte Transformationsmatrix bezeichnet.

3.1.8 Modale Flexibilität

In diesem Abschnitt wird kurz auf die Kinematik von flexiblen Körpern eingegangen und anschließend das Aufbringen von äußeren Lasten auf diese Körper betrachtet.

3.1.8.1 Kinematische Beschreibung von flexiblen Körpern

Wie in Abbildung 3.1 zu erkennen ist, lässt sich der Vektor vom Ursprung eines globalen Koordinatensystems G zum Punkt P' eines deformierten Körpers durch die Summe

$$\vec{r}_{P'} = \vec{x} + \vec{s}_P + \vec{u}_P \tag{3.22}$$

von drei Vektoren ausdrücken.

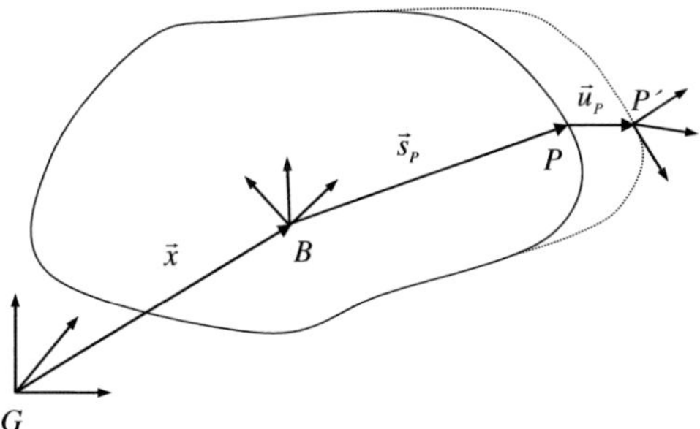

Abbildung 3.1: Positionsvektor zum Punkt P' eines deformierten flexiblen Körpers bezüglich des körperfesten Koordinatensystems B und globalen Koordinatensystems G

Der Vektor $\vec{x}$ ist der Positionsvektor vom Ursprung des globalen Koordinatensystems G zum Ursprung des körperfesten Koordinatensystems B des flexiblen Körpers, $\vec{s}_p$ beschreibt den Positionsvektor vom Ursprung des körperfesten Koordinatensystems B zu Punkt P und $\vec{u}_p$ den translatorischen Verschiebungsvektor aufgrund der Deformation von Punkt P nach P'. In Matrixform gestaltet sich Gl. (3.22) zu

$$\mathbf{r}_{P'} = \mathbf{x} + {}^{G}\mathbf{A}^{B}(\mathbf{s}_P + \mathbf{u}_P), \tag{3.23}$$

wobei $\mathbf{x}$ die Spaltenmatrix der entsprechenden Koordinaten im globalen, $\mathbf{s}_P$ und $\mathbf{u}_P$ die Spaltenmatrix der entsprechenden Koordinaten im körperfesten Koordinatensystem darstellen. Die Transformationsmatrix ${}^{G}\mathbf{A}^{B}$ beschreibt eine Drehung vom körperfesten zum globalen Koordinatensystem. Zur exakten Positions-, Orientierungs- und Deformationsbeschreibung des flexiblen Körpers werden die translatorischen $(x,\ y,\ z)$, rotatorischen $(\psi,\ \theta,\ \phi)$ und modalen Koordinaten $(\mathbf{q})$ zu generalisierten Koordinaten

$$\boldsymbol{\xi} = \begin{bmatrix} x \\ y \\ z \\ \psi \\ \theta \\ \phi \\ \mathbf{q} \end{bmatrix} = \begin{bmatrix} \mathbf{x} \\ \boldsymbol{\psi} \\ \mathbf{q} \end{bmatrix} \tag{3.24}$$

zusammengefasst. Hierbei charakterisieren $\mathbf{x}$ und $\boldsymbol{\psi}$ die Freiheitsgrade für die Starrkörperbewegung, $\mathbf{q}$ beschreibt die elastische Deformation des Körpers.

3.1.8.2 Aufbringen von Punktlasten

An einem flexiblen Körper können an einzelnen Knoten Punktlasten in Form von Kräften oder Momenten aufgebracht werden. Häufig sind Punktlasten durch Kraftgesetze (z. B. Feder-/Dämpferelemente) definiert oder entstehen als Reaktionskräfte von Gelenken. Diese lokal angreifenden Kräfte $\mathbf{F}_K$ und Momente $\mathbf{T}_K$, die an Punkt P, dem Ursprung des Koordinatensystems K eines flexiblen Körpers angreifen und in diesem Koordinatensystem definiert sind, werden auf die generalisierten Koordinaten des Systems projiziert. Die generalisierte Kraft $\mathbf{Q}$ lässt sich aufteilen in generalisierte translatorische Kräfte $\mathbf{Q}_\mathrm{T}$, generalisierte Momente $\mathbf{Q}_\mathrm{R}$ und generalisierte modale Kräfte $\mathbf{Q}_\mathrm{M}$, so dass

$$\mathbf{Q} = \begin{bmatrix} \mathbf{Q}_\mathrm{T} \\ \mathbf{Q}_\mathrm{R} \\ \mathbf{Q}_\mathrm{M} \end{bmatrix} \tag{3.25}$$

gilt.

Generalisierte translatorische Kräfte und Momente Alle Variablen der allgemeinen Bewegungsgleichung sind in globalen Koordinaten dargestellt. Daher müssen die Kräfte $\mathbf{F}_K$ und Momente $\mathbf{T}_K$ ebenfalls auf das globale Koordinatensystem bezogen werden. Durch

$$\mathbf{Q}_\mathrm{T} = {}^{G}\mathbf{A}^{K}\mathbf{F}_K \tag{3.26}$$

erhält man die generalisierten translatorischen Kräfte, wobei ${}^{G}\mathbf{A}^{K}$ die Transformationsmatrix beschreibt, die das Koordinatensystem K auf das globale Koordinatensystem abbildet. Drehmomente haben keinen Einfluss auf $\mathbf{Q}_T$. Generalisierte Momente werden entsprechend gebildet, wobei hier nicht nur das Moment $\mathbf{T}_K$, sondern auch die Kraft $\mathbf{F}_K$ über einen entsprechenden Hebelarm eingeht (vgl. [MSC03]).

Generalisierte modale Kräfte Die relevanteren Kräfte im Zusammenhang mit flexiblen Körpern sind die generalisierten modalen Kräfte. Diese Kräfte erhält man, wenn man die Punktlast auf die modalen Koordinaten des Körpers projiziert. Da die angreifende Kraft $\mathbf{F}_K$ und das angreifende Moment $\mathbf{T}_K$ bezüglich des Koordinatensystems K definiert sind, müssen sie zunächst auf das Bezugssystem des flexiblen Körpers gebracht werden. Unter Berücksichtigung dieser Transformation lassen sich die generalisierten modalen Kräfte $\mathbf{Q}_{\mathrm{M}}$ durch

$$\mathbf{Q}_{\mathrm{M}} = \boldsymbol{\Phi}_{P,\mathrm{t}}^{\mathrm{T}}\,^{B}\mathbf{A}^{K}\mathbf{F}_K + \boldsymbol{\Phi}_{P,\mathrm{r}}^{\mathrm{T}}\,^{B}\mathbf{A}^{K}\mathbf{T}_K \tag{3.27}$$

definieren, wobei $\boldsymbol{\Phi}_{P,\mathrm{t}}$ und $\boldsymbol{\Phi}_{P,\mathrm{r}}$ die Teile der orthonormalisierten Transformationsmatrix $\boldsymbol{\Phi}$ für die entsprechenden translatorischen und rotatorischen Freiheitsgrade an Punkt P darstellen.

Unvollständige Lasten und Wahl der Hauptfreiheitsgrade (Masterknoten) In den vorhergehenden Abschnitten wird implizit davon ausgegangen, dass die Projektion

$$\hat{\mathbf{F}} = \boldsymbol{\Phi}^{\mathrm{T}}\mathbf{F} \tag{3.28}$$

vollständig abgebildet wird. Aufgrund der modalen Reduktion lässt sich in der Praxis jedoch nicht jede Belastung vollständig projizieren. Der Fehler lässt sich durch

$$\Delta\mathbf{F} = \mathbf{F} - \left[\boldsymbol{\Phi}^{\mathrm{T}}\right]^{-1}\hat{\mathbf{F}} \tag{3.29}$$

ausdrücken. Dieser Fehler gibt Aufschluss darüber, wie gut eine reale Deformation des Körpers beim Aufbringen von Lasten durch reduzierte Freiheitsgrade abgebildet werden kann.

Wie bereits in Abschnitt 3.1.3 erwähnt, ist die Qualität der Reduktionsverfahren abhängig davon, wie zielgerecht die Wahl der Hauptfreiheitsgrade (Masterknoten) getroffen wird. Bei der gemischten statischen und modalen Reduktion spielt die Wahl der Masterknoten besonders in Verbindung von Punktlasten eine bedeutende Rolle, denn die Masterknoten sind als Einleitungspunkte für Punktlasten besonders geeignet. Die statischen Verschiebungsformen (constraint modes), die an diesen Knoten als Teil der Craig-Bampton Form eingeführt sind, liefern exakt die Deformation, die durch eine Punktlast an diesen Knoten entsteht. Sie kann dadurch sehr gut auf die reduzierten Freiheitsgrade projiziert werden und der Fehler aus Gl. (3.29) wird sehr gering. Wird der elastische Körper nur an Masterknoten belastet, erhält man im statischen Fall sogar eine exakte Lösung. Im dynamischen Fall handelt es sich jedoch immer um eine Näherungslösung, da nur eine begrenzte Zahl von langwelligen Moden zur Bildung der Craig-Bampton Form berücksichtigt wird.

3.2 Grundlagen der Reifenmodellierung

Im folgenden Abschnitt werden einige Grundlagen zur Reifenmodellierung vermittelt, und es wird eine Klassifizierung der Modelle eingeführt. Während sich die folgenden Kapitel (vgl. Kapitel 5 und 6) nur auf Reifenmodelle beschränken, von denen Simulationsergebnisse präsentiert werden, wird hier zusätzlich eine Übersicht über Reifenmodelle gegeben, die in der Fahrzeugindustrie verbreitet im Einsatz sind. Bei der Klassifizierung der Reifenmodelle wird zwischen Modellen unterschieden, die das sogenannte (quasi-statische) Enveloping Behavior des Reifens beschreiben oder die dynamischen Eigenschaften des Reifens möglichst gut abbilden können. Natürlich gibt es dynamische Reifenmodelle, die auch das Enveloping Behavior des Reifens sehr gut abbilden können. Dazu zählen beispielsweise verschiedene Modelle mit einem elastischen Ring. Die Klassifizierung ist an die Arbeiten [Zeg98] und [Sch04] angelehnt und wird deshalb hier kurz gehalten.

3.2.1 Enveloping Behavior des Reifens

Reifenmodelle, die das (quasi-statische) Enveloping Behavior des Reifens beschreiben, lassen sich in die Modelltypen gemäß Abbildung 3.2 klassifizieren. Die dargestellten Grafiken sollen zum besseren Verständnis der Klassifizierung dienen.

Es werden sechs verschiedene Modelle unterschieden:

Punktkontaktmodelle Das Punktkontaktmodell ist sehr stark verbreitet. Es besteht aus einem parallelen Feder-/Dämpferelement und erzielt relativ gute Ergebnisse bei glatten Fahrbahnoberflächen mit langwelligen Unebenheiten. Ungenauigkeiten entstehen bei kurzen Hindernissen, weil die Geometrie des Reifens nicht berücksichtigt wird. Außerdem ist nur eine schlechte Näherung bei rauen Oberflächen möglich. Weitere Informationen sind z. B. in [Kil82] zu finden.

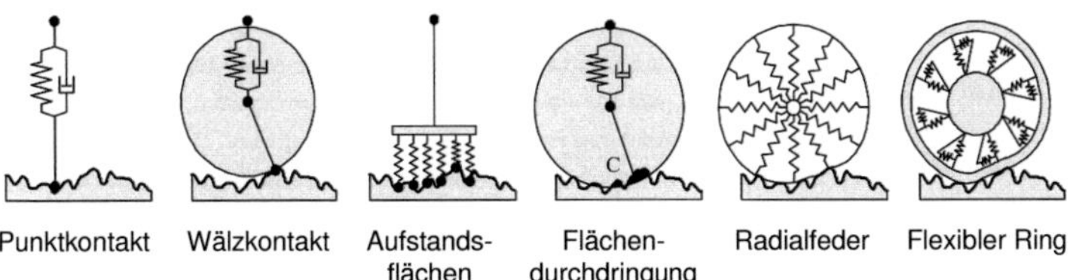

Abbildung 3.2: Grafische Darstellung der Klassifizierung der Modelle nach dem Enveloping Behavior [Sch04]

Wälzkontaktmodelle Auch bei diesem Modelltyp wird ein Feder-/Dämpferelement eingesetzt. Der einzige Unterschied zu Punktkontakt-Modellen ist die Verwendung eines starren Rades, um den Punktkontakt zu berechnen. So kann sich der Kontaktpunkt in Längsrichtung verschieben und liegt nicht zwangsläufig vertikal unter dem Reifenaufstandspunkt. Verschiedene Analysen und weitere Informationen zu diesem Modelltyp sind in [BD88], [Guo93], [GL98] und [SP00] zu finden.

Aufstandsflächenmodelle Diese Modelle verwenden linear verteilte Steifigkeiten und gegebenenfalls Dämpfungen in der Kontaktfläche. Sie liefern eine realistischere Anregung des Reifens als Punktkontaktmodelle, besitzen aber Ungenauigkeiten, da die Geometrie des Reifens nicht berücksichtigt wird (vgl. [KL86]).

Modelle mit Flächendurchdringung Bei diesen Modellen ist die Reifenkraft proportional zu der durchdrungenen Fläche der Reifengeometrie (z. B. Kreisring) und der Fahrbahn. Die resultierende Kraft wirkt entlang der Verbindungslinie von Flächenmittelpunkt und Radmittelpunkt.

Radialfedermodelle Dieser Modelltyp setzt sich aus einer Anzahl Federn und gegebenenfalls Dämpfern zusammen, die in radialer Richtung angeordnet sind. Mit Hilfe von zusätzlichen Steifigkeiten zwischen den Radialfedern wird zunächst bei Flugzeugreifen in [BD88]), später auch bei Kraftfahrzeugreifen (vgl. [SP00] und [SP01]) eine exakte Beschreibung erzielt.

Modelle mit flexiblem Ring Es existieren sehr viele Modelle dieses Modelltyps, jedoch werden sie meistens nicht ausschließlich für die Abbildung des quasi-statischen Enveloping Behavior des Reifens eingesetzt und werden daher bei den dynamischen Reifenmodellen behandelt. Modelle mit flexiblem Ring bestehen aus einem flexiblen Band für die Lauffläche und den Reifengürtel sowie verteilten Steifigkeiten für die Karkasse.

Empirische Modelle Seit den Untersuchungen in [LPB65] und [LN67]) wird immer wieder versucht, das Reifenantwortverhalten bei kurzen Hindernissen empirisch zu bestimmen. Wichtige Untersuchungen werden in [BC88] vorgestellt und in [Zeg98] sowie [Sch04] wieder aufgegriffen. In dieser Arbeit wird in Abschnitt 5.2.2 ebenfalls ein empirischer Ansatz verwendet. Eine grafische Darstellung dieses Modelltyps ist in Abbildung 3.2 nicht gegeben.

3.2.2 Dynamik des Reifens

Die Modellierung der Reifendynamik mit der Abbildung mindestens einer Schwingungsform des Reifens lässt sich in Modelltypen einteilen, die zusammen mit einer entsprechenden grafischen Darstellung in Abbildung 3.3 zu finden sind.

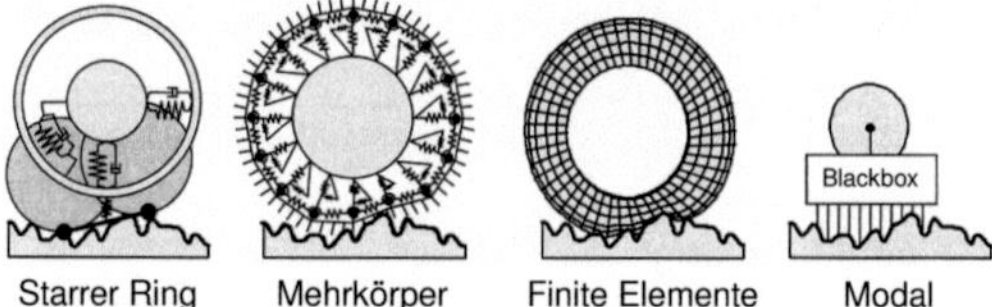

Abbildung 3.3: Grafische Darstellung der Klassifizierung der Modelle nach der Reifendynamik [Sch04]

Vier Modelle lassen sich unterscheiden:

Modelle mit starrem Ring Dieser Modelltyp besitzt einen starren Ring, der den Reifengürtel repräsentiert. Der Ring ist gegenüber der Felge mit Feder-/Dämpferelementen gelagert. Mit dieser Modellierung können nur Starrkörperbewegungen des Reifens abgebildet werden. Es gibt viele Arbeiten, die diesen Modelltyp beschreiben, dazu gehören auch [Zeg98] und [Sch04]. In dieser Arbeit wird dieser Modelltyp in Abschnitt 5.2.2 aufgegriffen und eingesetzt.

Mehrkörpersystemmodelle Bei diesen Modellen wird eine Diskretisierung des Reifengürtels mit Massenpunkten durchgeführt. Feder-/Dämpferelemente verbinden diese Massenpunkte untereinander und mit der Felge. Neben Starrkörperbewegungen können mit diesen Modellen auch Verformungen des Reifengürtels abgebildet werden.

Finite Elemente Modelle Der Einsatz von FE-Modellen zur Beschreibung des Reifens ist heutzutage für fahrdynamische Betrachtungen aufgrund sehr hoher Rechenzeiten nicht sehr effizient. Diese Modelle finden vor allem bei der Analyse von Konstruktions- und Materialeinflüssen auf die Reifendynamik Verwendung. Ein Vorteil dieser Modelle ist, dass sie erstellt werden können, bevor ein Reifen hergestellt wird. Dadurch lassen sich bei der Neuentwicklung von Reifen FE-Modelle zur Parameteridentifikation einfacherer Modelle einsetzen.

Modale Modelle Modale Modelle beschreiben das Übertragungsverhalten des Reifens, das sowohl durch FE-Modelle (vgl. z. B. [BMS$^+$02]) oder empirisch durch Versuche (vgl. [BC88]) ermittelt werden kann.

3.2.3 Kommerzielle Reifenmodelle

Für Gesamtfahrzeugsimulationen sind in der Fahrzeugindustrie im Wesentlichen kommerzielle Reifenmodelle im Einsatz. Bei Eigenentwicklungen oder Modellen aus dem universitären Umfeld kann häufig eine ständige und professionelle Modellpflege und Weiterentwicklung nicht im erforderlichen Maße sichergestellt werden. Außerdem bedingt die Implementierung in Simulationssoftware, die selbst auch weiterentwickelt wird, ständige Anpassungen. Die Standardisierung von Reifenmessungen, die zu Parameteridentifikationen der Modelle notwendig sind, und eine effiziente, standardisierte Schnittstelle zur Beschreibung der Fahrbahngeometrie sind weitere Anforderungen, die, ganzheitlich betrachtet, mit kommerziellen Modellen besser geleistet werden können. Natürlich stehen entsprechende Lizenzkosten diesen Vorteilen gegenüber.

Kommerzielle Reifenmodelle bieten in der Regel nur beschränkten Einblick in die Modellgleichungen. Trotzdem sollen hier eine Übersicht und einige Details zur Modellierung der vielfach eingesetzten kommerziellen Reifenmodelle FTire, RMOD-K und SWIFT (vgl. Abschnitt 2.2) gegeben werden. Diese Modelle lassen sich effizient in Gesamtfahrzeugsimulationen einsetzen. Sie bilden sowohl das Enveloping Behavior des Reifens bei der Fahrt über kurzwellige Hindernisse als auch die Dynamik des Reifens bis ca. 100 Hz sehr gut ab.

In [Mao05] wird ein Vergleich dieser Modelle auf Fahrstrecken durchgeführt, die in dieser Arbeit relevant sind. Darin zeigt sich, dass prinzipiell alle drei Reifenmodelle für die in dieser Arbeit gestellten Anforderungen geeignet sind. Unterschiede in den Simulationsergebnissen lassen sich vor allem auf Unterschiede in den Reifenparametern zurückführen. Ein Vergleich von RMOD-K und FTire wird auch in [RRF03] gezeigt. Auch hier zeichnet sich eine grundsätzliche Eignung beider Reifenmodelle für die gestellten Anforderungen ab.

3.2.3.1 Reifenmodell SWIFT

Das Reifenmodell SWIFT (Short Wavelength Intermediate Frequency Tyre Model) bildet den Reifengürtel mit einem starren Kreisring ab, der über nichtlineare Steifigkeiten und Dämpfer an die Felge gekoppelt ist (siehe Abbildung 3.4). Für die Berechnung der Kräfte und Momente im Reifenaufstandspunkt wird die in der Fahrdynamiksimulation sehr verbreitete Magic Formula (vgl. [PB93]) verwendet. Aufgrund des Starrkörperansatzes für den Reifengürtel können nur Schwingungsmoden abgebildet werden, die sich durch reine Starrkörperbewegungen des Gürtels beschreiben lassen. Moden mit elastischer Verformung spielen bei Pkw-Reifen jedoch häufig erst oberhalb ca. 100 Hz eine wesentliche Rolle. Die Abbildung des Enveloping Behavior des Reifens zählt zu den

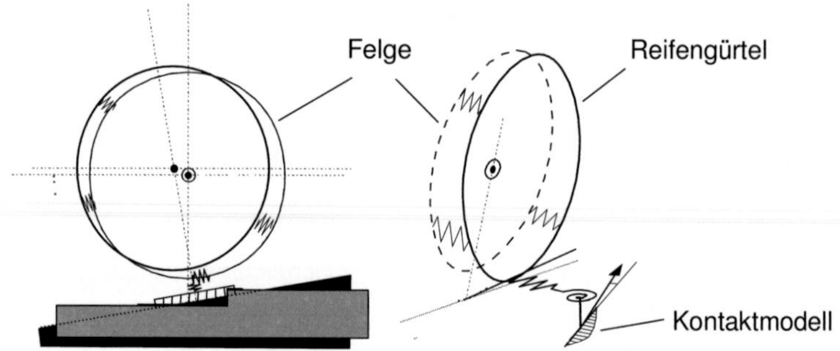

Abbildung 3.4: Skizze des Reifenmodells SWIFT [JVC+05]

empirischen Modellen. Speziell für kurzwellige Hindernisse stehen zwei Verfahren zur Verfügung, um eine sogenannte *effective road* zu berechnen. Mit dieser Approximation kann das Verformungsverhalten des Reifens mit Hilfe eines Punktkontaktes mit sehr guter Übereinstimmung zu Messungen angenähert werden, wobei auch dreidimensionale Fahrbahnprofile abgebildet werden können. Eines der beiden in SWIFT implementierten

Verfahren wird in vereinfachter Form in Abschnitt 5.2.2 nochmals aufgegriffen. Weitere Informationen zu diesem Reifenmodell lassen sich beispielsweise in [TNO04] oder [swi06] finden. Die wesentlichen Entwicklungen basieren auf den Arbeiten [Zeg98], [Mau99] und [Sch04]. Eine Berücksichtigung des Reifeninnendrucks wird in [SBHN05] untersucht.

3.2.3.2 Reifenmodell FTire

Das Reifenmodell FTire (Flexible Ring Tire Model) besitzt einen flexiblen Ring, der aus einer Anzahl von Gürtelgliedern besteht. Damit wird sichergestellt, dass das Enveloping Behavior des Reifens auch bei kurzwelligen Unebenheiten gut abgebildet wird. Diese Gürtelglieder sind untereinander und mit der Felge elastisch verbunden. Sie besitzen drei translatorische und einen rotatorischen Freiheitsgrad. Zusätzlich wird eine Biegung der Gürtelglieder mit Hilfe von Ansatzfunktionen definiert (siehe Abbildung 3.5).

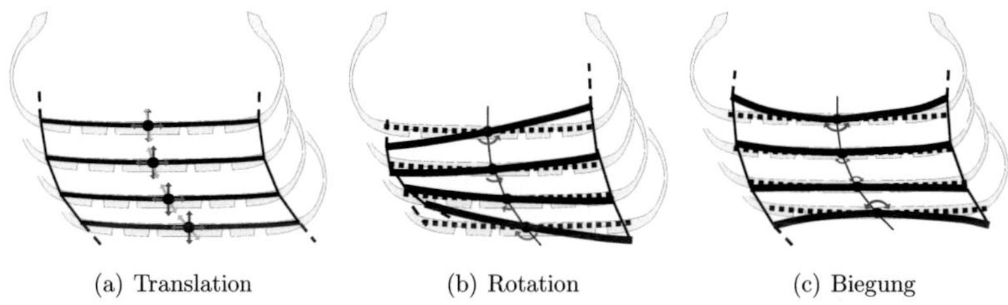

(a) Translation   (b) Rotation   (c) Biegung

Abbildung 3.5: Freiheitsgrade des Reifenmodells FTire [Gip05]

Jedem Gürtelglied sind mehrere masselose Kontakt-/Reibungselemente zugeordnet, die in radialer, tangentialer und lateraler Richtung nichtlineare Steifigkeits- und Dämpfungseigenschaften besitzen. Durch diese Elemente lassen sich auch die längs- und querdynamischen Eigenschaften eines Reifens gut abbilden. Neben Starrkörperbewegungen des Gürtels können aufgrund des flexiblen Rings auch Biege- und Torsionsmoden simuliert werden.

Weitere detaillierte Informationen zum Reifenmodell FTire sind in [Gip01a], [Gip01b], [Gip02] und [Gip05] zu finden. Ständig aktuelle Informationen über das Reifenmodell sind auch in [fti06] verfügbar. Vorgängermodelle (BRIT, CTire und DTire) von FTire werden in [Gip98] beschrieben. Eine Arbeit, die Simulationsergebnisse mit FTire im Entwicklungsprozess eines Fahrzeugs zeigt, ist beispielsweise [RRS04].

3.2.3.3 Reifenmodell RMOD-K

Das Reifenmodell RMOD-K (Reifenmodell für Komfortuntersuchungen) ist als Modellfamilie für verschiedene Anwendungen verfügbar.

Ein Basis-Reifenmodell stellt den Reifengürtel als starren Kreisring dar, der mit sechs Freiheitsgraden elastisch gegenüber der Felge gelagert ist. Der Frequenzbereich dieses Modells ist dadurch entsprechend den Moden mit Starrkörperbewegungen des Gürtels auf etwa 100 Hz beschränkt [LE00]. Die Druckverteilung und die Form des Kontaktgebietes werden durch Approximationen bestimmt und sind Eingangsgrößen für das Kontaktmodell. Im Kontaktmodell werden die tangentialen Kräfte in der Kontaktfläche zwischen Reifen und Fahrbahn auf Basis von Transportgleichungen und Reibzusammenhängen bestimmt [OF01]. Diese Modellvariante findet vor allem bei fahrdynamischen Problemen mit langwelligen Hindernissen Verwendung.

Für die Berechnung des Reifenverhaltens auf unebener Fahrbahn bei kurzwelligen Störungen stehen in der RMOD-K Modellfamilie strukturdynamische Reifenmodelle zur Verfügung. Die Form des Kontaktgebietes und die Verteilung der Normalspannungen werden nun nicht mehr durch Approximationen bestimmt, sondern liegen als Ergebnis der Dynamik des Gürtelmodells vor. Der Gürtel besteht nun aus einer Anzahl von Massenpunkten, die untereinander und gegenüber der Felge mit nichtlinearen Feder-/Dämpferelementen gekoppelt sind. Ein zweidimensionales MKS-Modell (Ring in der Felgenebene), das zur Berechnung des geradlinigen Überrollens von Hindernissen dient (siehe Abbildung 3.6), kann für den allgemeinen Fall, der Fahrt auf unebenen Fahrbahnen, durch ein dreidimensionales Modell ergänzt werden [OF01].

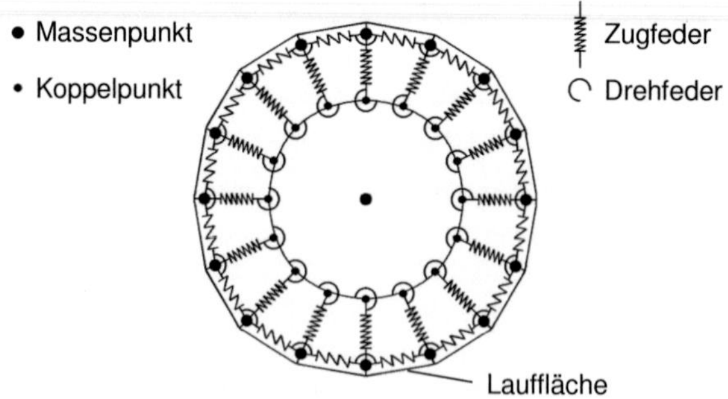

Abbildung 3.6: Strukturdynamik Reifenmodell RMOD-K [OEF00]

Weitere Informationen zum Reifenmodell RMOD-K sind in [OF99], [OF01], [Fan01] und [Oer02] zu finden, wobei Grundlagen dazu bereits in [Oer97] vorgestellt werden.

In dieser Arbeit wird das Reifenmodell RMOD-K für die Gesamtfahrzeugsimulationen eingesetzt (vgl. Abschnitt 5.2).

3.3 Sensitivitätsstudien und Parameteridentifikation

Für die Analyse und Validierung der Simulationen werden Sensitivitätsstudien eingesetzt, um die Abhängigkeit der Simulationsergebnisse von einzelnen Designvariablen zu bestimmen und dadurch die einflussreichsten Variablen bzw. Parameter zu finden. Mit Hilfe von Optimierungsmethoden lassen sich Parameterwerte identifizieren, die zu besseren Übereinstimmungen von Simulations- und Messergebnissen führen können (vgl. Kapitel 6). Entsprechende Grundlagen zu diesem Themengebiet werden im folgenden Abschnitt kurz beleuchtet. Ausführliche Informationen sind z. B. in [Man06] zu finden.

3.3.1 Design of Experiments (DoE)

Um eine Sensitivitätsstudie durchführen zu können, müssen zunächst Stichproben, sogenannte *Samples*, im zu betrachtenden Parameterraum erzeugt werden. Um diesen Parameterraum mit einer möglichst geringen Zahl an Samples gut zu beschreiben, werden experimentelle Versuchsmethoden herangezogen. Deshalb wird der Prozess zur Erzeugung der Samples häufig als *Design of Experiments* bezeichnet. In dieser Arbeit wird eine stochastische Methode zur Erstellung der Samples eingesetzt, das *Latin Hypercube* Verfahren. Dieses Verfahren ist eine Erweiterung des *Monte Carlo* Verfahrens, wobei eine Unterteilung der Randverteilung bzw. Verteilungsfunktion in Klassen gleicher Wahrscheinlichkeit durchgeführt wird. Dadurch lässt sich die Zahl der Samples reduzieren, die für ein möglichst gutes Abbild der gewünschten statistischen Verteilung notwendig sind.

3.3.2 Sensitivitätsstudien

Mit Hilfe von Korrelationsfunktionen lässt sich der Zusammenhang zwischen zwei Größen ermitteln. Damit lässt sich beispielsweise eine Information über die Abhängigkeit oder Sensitivität der Ausgangsparameter x_j von Eingangsparametern x_i eines Simulationsmodells bekommen.

Die lineare Korrelation ρ_{ij} von Design- und Ausgangsvariablen lässt sich bei N Samples folgendermaßen definieren:

$$\rho_{ij} = \frac{1}{N-1} \frac{\sum_{k=1}^{N}(x_i^{(k)} - \mu_{x_i})(x_j^{(k)} - \mu_{x_j})}{\sigma_{x_i}\sigma_{x_j}}. \tag{3.30}$$

Dabei ist der Mittelwert μ_{x_i} eines Samples $x_i^{(k)}$ durch

$$\mu_{x_i} = \frac{1}{N} \sum_{k=1}^{N} x_i^{(k)}, \tag{3.31}$$

und die Standardabweichung σ_x ist über die Varianz $\sigma_{x_i}^2$ mit

$$\sigma_{x_i}^2 = \frac{1}{N-1} \sum_{k=1}^{N} (x_i^{(k)} - \mu_{x_i})^2 \tag{3.32}$$

definiert.

Für die linearen Korrelationskoeffizienten gilt $-1 < \rho_{ij} < 1$. Bei einer starken positiven Korrelation ist ρ_{ij} in der Nähe von $+1$. Bei größer werdendem x_i steigt bei einem positiven Wert für ρ_{ij} die Größe x_j auch an bzw. sinkt bei einem negativen Wert für ρ_{ij} ab. Ist der Wert der Korrelation in der Nähe von null, besteht kein linearer Zusammenhang zwischen den Größen. Die Korrelationskoeffizienten ρ_{ij} lassen sich in einer *Korrelationsmatrix* C_{xx} zusammenfassen.

3.3.3 Optimierungsmethoden zur Parameteridentifikation

Eine typische Optimierungsaufgabe besteht darin, eine Zielfunktion $f(x)$ zu minimieren und dabei verschiedene Randbedingungen (Restriktionsfunktionen) einzuhalten. Abhängig von Ziel- und Restriktionsfunktionen kann ein mathematischer Algorithmus unterschiedlich schnell ein Optimum bestimmen. Da Funktionen in der Regel mehrere lokale Minima besitzen, sind Optimierungsmethoden häufig daraufhin ausgerichtet, das absolute bzw. das globale Minimum zu finden. In [Sch05b] wird ausführlich auf diese Thematik eingegangen, wobei der Fokus auf der Optimierung mechanischer Strukturen liegt.

Im Rahmen dieser Arbeit wird für die Identifikation von Designvariablen (Parameter) ein *evolutionärer Algorithmus* eingesetzt. Evolutionäre Algorithmen sind an die natürliche biologische Evolution angelehnte, stochastische Suchverfahren, die mit Populationen und Individuen arbeiten. Sie arbeiten dabei parallel an einer Vielzahl von potenziellen Lösungen, der Population von Individuen. Das Prinzip *der Stärkste überlebt* wird auf die Individuen bzw. Designs angewandt und entsprechend der Zielfunktion werden immer bessere Individuen erzeugt, von denen eine bessere Anpassung erwartet wird. Evolutionäre Algorithmen arbeiten prinzipiell nach demselben Grundschema, das in Abbildung 3.7 dargestellt ist. Diese Minimalvariante kann dabei beliebig erweitert werden.

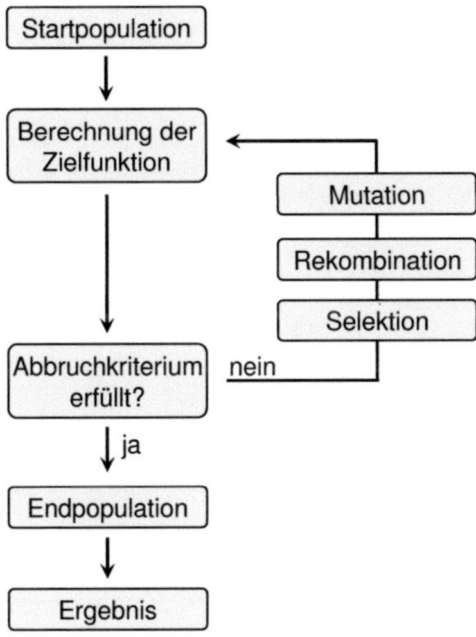

Abbildung 3.7: Grundschema eines evolutionären Algorithmus [Hee06]

Ein evolutionärer Algorithmus beginnt mit einer Initialisierungsphase, in der eine Startpopulation erstellt wird. Die Individuen der Startpopulation werden meist zufällig im Definitionsbereich der Variablen gewählt. Durch die Zielfunktion wird die Startpopulation bewertet und somit die erste Generation erzeugt. In jeder Generation werden neue Lösungen erstellt. Die Auswahl der Individuen erfolgt entsprechend ihrer *Fitness*, aus denen im Anschluss mit Hilfe evolutionärer Reproduktionsmaßnahmen neue Individuen erzeugt werden. Diese Individuen werden in die Population eingefügt, so dass eine neue Population entsteht, welche Ausgangspunkt für die Erstellung neuer Individuen der nächsten Generation ist. Der beschriebene Prozess wird so lange durchgeführt, bis ein definiertes Abbruchkriterium erreicht wird. Ein Abbruchkriterium kann beispielsweise das Erreichen eines bestimmten Zielwertes, einer bestimmten Anzahl von Generationen oder einer Anzahl von Generationen ohne weiteren Fortschritt sein. Dies führt zur Evolution (Entwicklung) von Populationen von Individuen, die immer besser an die jeweilige Zielsetzung angepasst sind.

4 Experimenteller Hintergrund

Den experimentellen Hintergrund für die Validierung der Simulationsergebnisse (vgl. Kapitel 6) liefern Fahrzeugversuche. In diesem Kapitel wird der Versuchsaufbau und die Versuchsdurchführung für die beiden in der Simulation nachgebildeten Fahrbahnen beschrieben.

4.1 Versuchsaufbau

Als Versuchsträger dient ein Erprobungsfahrzeug mit einem Kilometerstand von ungefähr 40.000 km in gleicher Ausstattung wie ein entsprechendes Serienfahrzeug. Da das Fahrzeug zu Erprobungszwecken eingesetzt wird, muss berücksichtigt werden, dass die Abnutzung verschleißbehafteter Teile höher sein kann als bei einem Serienfahrzeug mit der gleichen Kilometerleistung. Es handelt sich um ein Fahrzeug mit Automatikschaltung. Die Profiltiefe der Reifen liegt zwischen 50% und 75% der ursprünglichen Profiltiefe.

Für die Validierung und Analyse der Gesamtfahrzeugsimulationen werden an Referenzstellen im Fahrzeug und an einer Beispielkomponente, dem ESP-Hydroaggregat (vgl. Kapitel 7), die folgenden Messpunkte gewählt:

- alle vier Radträger,

- Karosserie an den vier Federbeindomen,

- Karosserie an der Anbaustelle des ESP-Hydroaggregats,

- Block des ESP-Hydroaggregats.

An diesen Stellen wird mit Hilfe von triaxialen, piezoelektrischen Sensoren die Beschleunigung bestimmt. Mit einem speziellen Klebstoff werden die Sensoren befestigt und bei schrägen Flächen mit Hilfe von Ausgleichsblöcken so ausgerichtet, dass die Messachsen der Sensoren mit dem Fahrzeugkoordinatensystem (Längs-, Quer- und Hochachse) übereinstimmen. Die Messstellen an den Radträgern liegen jeweils auf der dem Fahrzeug zugewandten Innenseite der Räder. Bei den Federbeindomen sind die Sensoren jeweils von oben am Karosserieblech angebracht. Der Sensor an der Anbaustelle des ESP-Hydroaggregats ist in der Nähe der Befestigungspunkte der Komponente, ebenfalls an der Karosserie angebracht. Zusätzlich ist auf der Komponente selbst, am Block des ESP-Hydroaggregats, ein weiterer Beschleunigungssensor aufgeklebt. Abbildung 4.1 zeigt das eingebaute Hydroaggregat mit den beiden Messpunkten.

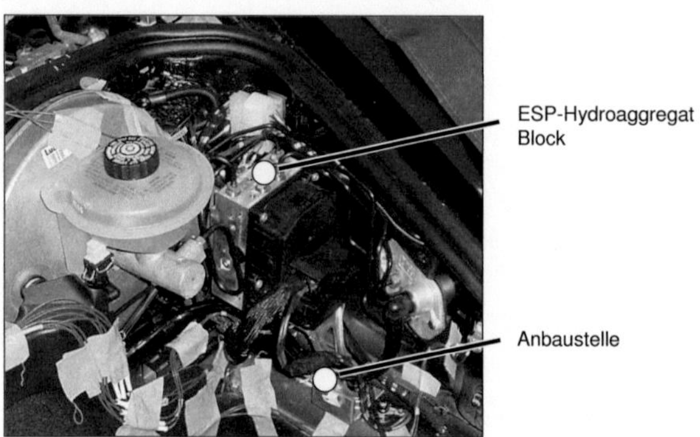

Abbildung 4.1: Fotografie des eingebauten ESP-Hydroaggregats mit Messpunkten

Das ESP-Hydroaggregat befindet sich vorne links im Fahrzeug und ist mit einer Halterung und Elastomerlager an die Karosserie verschraubt. Weitere Einzelheiten zu dieser karosseriefesten Komponente werden in Kapitel 7 angegeben. Es sind zwei handelsübliche Sensortypen im Einsatz. Zum einen ICP-Sensoren (Integrated Circuit Piezoelectric) mit integrierten Ladungsverstärkern und zum anderen Sensoren mit Ladungsausgang, die mit einem externen Ladungsverstärker betrieben werden. Die verwendeten Beschleunigungssensoren werden üblicherweise bei Fahrzeugschwingungsmessungen für die Komponentenerprobung eingesetzt und besitzen einen dafür geeigneten, kalibrierten Frequenzbereich von 10 Hz bis 10 kHz und eine maximal zulässige Beschleunigung von 1000 g.

4.2 Versuchsdurchführung

Im Rahmen dieser Arbeit werden für zwei verschiedene Fahrbahnen, die *Schlagleiste* und die *Waschbrettstrecke*, Fahrzeugsimulationen und Fahrzeugmessungen durchgeführt. Dabei wird die Schlagleiste lediglich für die Validierung des Fahrzeugmodells verwendet. Die Waschbrettstrecke dagegen dient üblicherweise auch als Fahrbahn bei Fahrzeugschwingungsmessungen. Beide Versuche werden mit einer möglichst konstanten Geschwindigkeit gefahren, die durch den Versuchsfahrer anhand der Tachometeranzeige über die Gaspedalstellung geregelt wird. Die Geschwindigkeit für die Schlagleiste beträgt 20 km/h, die Waschbrettstrecke wird mit 40 km/h überfahren. Auf jeder Fahrbahn werden mit unverändertem Versuchsaufbau jeweils drei Versuchsfahrten mit identischer Geschwindigkeit durchgeführt. Im Folgenden werden die beiden Fahrbahnen kurz vorgestellt.

4.2.1 Fahrbahnbeschreibung der Schlagleiste

Die Schlagleiste ist 2 cm hoch, 3 cm breit und rechtwinklig zur Fahrtrichtung über die gesamte Breite der Fahrbahn angebracht. Die oberen Kanten der Leiste sind mit einer Fase von 2 mm abgeschrägt. Abbildung 4.2 zeigt eine Skizze der Schlagleiste.

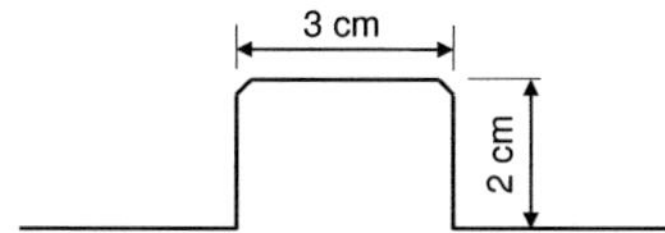

Abbildung 4.2: Geometrie der Schlagleiste

4.2.2 Fahrbahnbeschreibung der Waschbrettstrecke

Die Waschbrettstrecke ist 50 m lang, 3 m breit und besitzt 54 Schwellen. Alle Schwellen sind gleich hoch und haben die gleiche sinusförmige Gestalt. Abbildung 4.3 zeigt die Geometrie einer Schwelle.

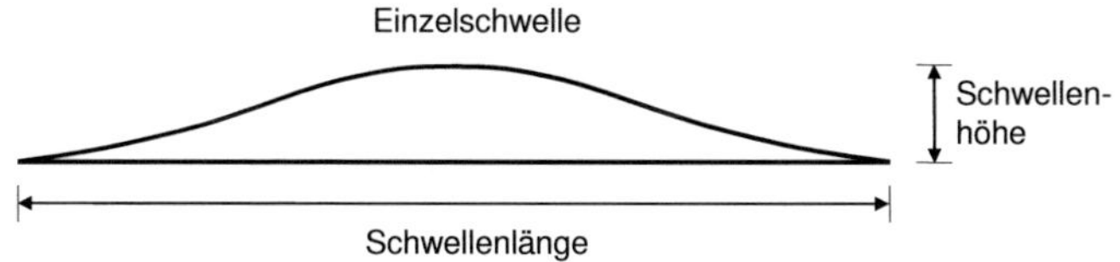

Abbildung 4.3: Geometrie einer Waschbrettschwelle

Die Fahrbahn lässt sich in sechs Abschnitte mit jeweils unterschiedlicher Anzahl an Schwellen einteilen. Abbildung 4.4 veranschaulicht die Anordnung der Schwellen und zeigt die verschiedenen Abschnitte.

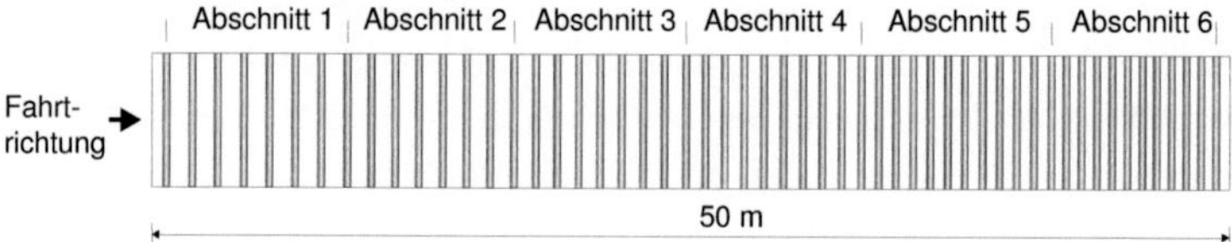

Abbildung 4.4: Anordnung der Schwellen und Abschnitte der Waschbrettstrecke

Innerhalb jedes Abschnitts ist der Abstand zwischen den Schwellen konstant, von Abschnitt zu Abschnitt ist er jedoch unterschiedlich. Die Waschbrettstrecke wird so überfahren, dass der Abstand zwischen den Schwellen in Fahrtrichtung abnimmt.

Bei der Überfahrt der Waschbrettstrecke mit einer Fahrgeschwindigkeit von 40 km/h ergeben sich durch die Abstände der Schwellen diskrete Frequenzen zwischen 9-16 Hz für die Grundharmonische der periodischen Anregung.

5 Modellbildung und Simulation des Gesamtfahrzeugs

Dieses Kapitel beschreibt die Modellierung des Gesamtfahrzeuges. In Abschnitt 5.1 wird zunächst das Fahrzeugmodell vorgestellt. Die wichtige Schnittstelle zur Fahrbahn ist ein geeignetes Reifenmodell. Daher wird in Abschnitt 5.2 die Modellbildung des Fahrzeugreifens betrachtet und in Abschnitt 5.3 eine geeignete Fahrbahnmodellierung untersucht. Entsprechende Softwarewerkzeuge, die für die Modellbildung und Simulation eingesetzt werden, sind im letzten Abschnitt kurz vorgestellt.

5.1 Fahrzeugmodell

Das verwendete Fahrzeugmodell besitzt einen exemplarischen Charakter und entspricht im Wesentlichen dem Versuchsfahrzeug, das in Kapitel 4 vorgestellt wird. Im Gegensatz zum Versuchsfahrzeug ist das Fahrzeugmodell standardmäßig mit einem manuellen Schaltgetriebe ausgestattet. Die Masse des Getriebekastens wird dem Automatikgetriebe entsprechend angepasst. Die Abnutzung verschleißbehafteter Teile ist im Modell nicht berücksichtigt. Das Fahrzeugmodell wird beim Fahrzeughersteller entwicklungsbegleitend eingesetzt und ist für dessen Einsatzgebiete validiert. Es werden damit typischerweise Komfort- und Betriebsfestigkeitsuntersuchungen durchgeführt, die auf einen ähnlichen Frequenzbereich abzielen, wie die in dieser Arbeit vorgestellten Fragestellungen. Daher ist das Modell eine sehr gute Ausgangsbasis.

5.1.1 Gesamtfahrzeug als Mehrkörpersystem

Das Gesamtfahrzeug ist als parametrisches Mehrkörpersystem (vgl. Abschnitt 3.1.1) modelliert. Ausgangspunkt für das MKS-Modell ist der Fahrzeugaufbau bzw. die Karosserie. In einem ersten Ansatz werden elastische Eigenschaften der Karosserie vernachlässigt und das gesamte Fahrzeug wird als reines Starrkörpermodell betrachtet. Bei der Vorder- und Hinterachse sind alle erforderlichen Komponenten ebenfalls als Starrkörper abgebildet. Die Verbindungen der Achsbauteile untereinander und zur Karosserie sind mit idealen Gelenken, linearen Feder-/Dämpferelementen und nichtlinearen Kraftelementen ausgeführt, die als Kraft-Weg-Gesetze oder Kraft-Geschwindigkeitsbeziehungen definiert sind. Durch die Modellierung der wichtigsten Fahrwerklager als elastische Komponenten werden die elastokinematischen Eigenschaften der Radaufhängungen abgebildet. In dem Modell sind zusätzlich ideale Gelenke für die Fahrwerklager hinterlegt, so dass wahlweise auch eine reine kinematische Betrachtung der Achsen durchgeführt werden kann. Das Lenksystem ist für eine reine Kurshaltung ausgelegt, besitzt aber sämtliche notwendigen elastischen Kopplungen. Der Motor wird als starrer Körper berücksichtigt und ist mit elastischen Lagern an der Karosserie befestigt. Der Antrieb ist mittels eines Moments realisiert, das sich am Motor abstützt und auf die Hinterräder wirkt. Die Trägheitseigenschaften des Antriebsstrangs sind entsprechend dem Übersetzungsverhältnis von Getriebe und Differential den Hinterrädern zugeschlagen. Elastische Eigenschaften des Antriebsstrangs werden nicht berücksichtigt.

Zur Veranschaulichung zeigt Abbildung 5.1 eine schematische Darstellung des Fahrzeugmodells bei der virtuellen Fahrt über die Waschbrettstrecke. Die beschriebenen Details zur Modellierung werden daraus jedoch nicht ersichtlich.

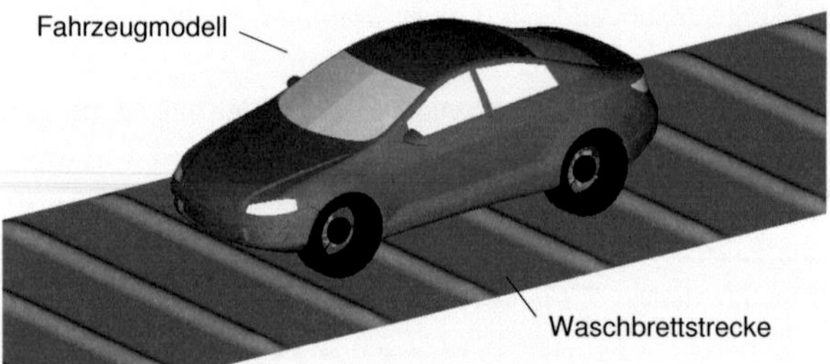

Abbildung 5.1: Schematische Darstellung des Fahrzeugmodells bei der Fahrt über die Waschbrettstrecke

Ein einfacher Regler (vgl. [Hee06]) überwacht das Antriebsmoment der Räder, damit das Fahrzeug der vorgegebenen Fahrgeschwindigkeit folgt. Abbildung 5.2 zeigt diese Geschwindigkeitsvorgabe für die Waschbrettstrecke. Diese Sollgeschwindigkeit ist aus dem Zeitsignal der gemessenen Beschleunigung am Radträger vorne links bestimmt.

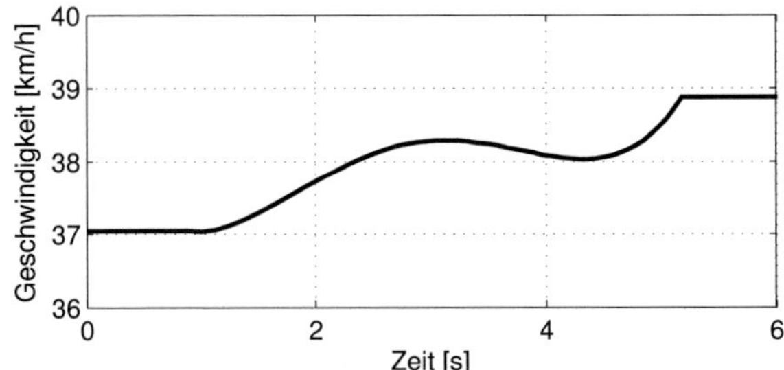

Abbildung 5.2: Vorgegebene Geschwindigkeit des Fahrzeugs bei der Fahrt über die Waschbrettstrecke (aus der Auswertung der zeitlichen Abstände der Peaks der vertikalen Radträgerbeschleunigung)

Aus diesem Zeitsignal lässt sich die Zeitdifferenz zwischen zwei benachbarten Schwellen ermitteln. Die Kenntnis über den Schwellenabstand erlaubt die Berechnung der mittleren Geschwindigkeit zwischen zwei Schwellen, die entsprechend geglättet wird. Es ist deutlich zu erkennen, dass leichte Abweichungen zu der Vorgabe aus der Versuchsbeschreibung mit konstanten 40 km/h existieren. Um eine hohe Abbildungsgenauigkeit zu erzielen, ist es bei der Waschbrettstrecke jedoch erforderlich, den hier abgebildeten gemessenen Verlauf mit dem Fahrzeugmodell möglichst genau einzuhalten.

Ein reiner Starrkörperansatz des Fahrzeugmodells ist nur bis zu einem Frequenzbereich sinnvoll einsetzbar, bis zu dem die elastischen Eigenschaften und Eigenschwingungen der Karosserie nur eine untergeordnete Rolle spielen. Bei der Untersuchung von längs- und querdynamischen Fragestellungen werden Starrkörpermodelle häufig eingesetzt.

5.1.2 Elastisches Karosseriemodell

Für die Berücksichtigung der elastischen Eigenschaften und der Eigenschwingungen der Karosserie wird das Starrkörpersystem durch ein elastisches Mehrkörpersystem ersetzt. Dabei wird anstatt der starren Karosserie ein flexibler Körper verwendet, der auf einem Finite Elemente Modell basiert. Die elastische Karosserie ist als *fully trimmed body* modelliert. Damit sind nicht nur die dynamischen Eigenschaften der Rohkarosserie, sondern die des gesamten Fahrzeugaufbaus berücksichtigt. Karosseriefeste Komponenten, die keinen direkten Einfluss auf den Komfort des Fahrers oder die Fahrdynamik des Fahrzeugs haben, werden dabei nicht ausdrücklich mit ihren dynamischen Eigenschaften modelliert. Häufig sind nur die Massen, nicht aber lokale Elastizitäten, z. B. von Halter-

oder Lagerungen, abgebildet. Das trifft auch für die in Kapitel 4 eingeführte Komponente, das ESP-Hydroaggregat, zu. Eine entsprechende Modellierung und Kopplung der Komponente wird in Kapitel 7 vorgestellt.

Wie in Abschnitt 3.1 dargestellt, wird das elastische Karosseriemodell mit einer reduzierten Anzahl an Freiheitsgraden im Mehrkörpersystem berücksichtigt. Dabei beschreiben vorrangig globale, tieffrequente Eigenmoden die Freiheitsgrade der Karosserie. In der Nähe von Hauptfreiheitsgraden (Masterknoten) treten zusätzlich Moden auf, die lokale elastische Verformungen aufgrund von punktförmiger Krafteinleitung abbilden.

Auch wenn die globalen Schwingungseigenschaften der Karosserie in der reduzierten Beschreibung gut abgebildet werden, kann nicht zwangsläufig davon ausgegangen werden, dass lokale Eigenmoden in der Einbauumgebung karosseriefester Komponenten vollständig dargestellt werden. Auch auf diese Thematik wird in Kapitel 7 kurz eingegangen. Ähnliche Karosseriemodelle werden z. B. in [Boh99] oder [BF98] vorgestellt und weitere Informationen zur Modellbildung und zu deren Einsatzgebieten gegeben.

5.1.2.1 Validierung des elastischen Karosseriemodells

Im Rahmen dieser Arbeit wird ein bereits durch den Fahrzeughersteller validiertes Karosseriemodell eingesetzt. Dabei ist jedoch zu beachten, dass der Abgleich mit experimentellen Daten aufgrund der Abmessungen und Komplexität der Struktur keineswegs trivial ist. Dementsprechend lässt sich mit begrenztem Aufwand auch nur eine relativ grobe Validierung durchführen.

Grundlage für die Validierung bildet eine experimentelle Modalanalyse. Aufgrund der großen Abmessungen ist häufig nur eine relativ grobe räumliche Diskretisierung durchführbar. Niedere globale Moden wie z. B. die erste Biege- oder Torsionsmode lassen sich leicht abgleichen. Auch wenn mit dem Karosseriemodell problemlos höhere Moden berechnet werden können, sind lokale bzw. höhere Schwingungsmoden oft schwierig und an manchen Stellen nur andeutungsweise identifizierbar.

Eine einfache Möglichkeit zur Anpassung des globalen Schwingungsverhaltens bei Abweichungen zu Messergebnissen sind Modifikationen in der Modellierung der Schweißpunktverbindungen. Die Dämpfungseigenschaften der elastischen Karosserie werden in der MKS-Umgebung über modale Dämpfung beschrieben. Ergebnisse aus der experimentellen Modalanalyse geben einen Anhaltswert für die Dämpfungswerte.

Detaillierte Untersuchungen zur Definition modaler Dämpfungen von elastischen Strukturen in eMKS-Modellen sind in [Lio04] und [Lio05] zu finden.

5.1.3 Viertelfahrzeugmodell

Für die Analyse und zum besseren Verständnis der physikalischen Effekte in der Radaufhängung und im Reifen wird ein Viertelfahrzeugmodell eingesetzt, das aus dem Gesamtfahrzeug extrahiert ist. Aufgrund der geringeren Größe und Komplexität des Modells kann eine Einsparung der Rechenzeit erzielt werden. Dadurch lassen sich aufwändige Analysen wie z. B. Sensitivitätsstudien deutlich effektiver durchführen.

Im Rahmen dieser Arbeit wird nur ein Viertelfahrzeugmodell der vorderen Radaufhängung vorgestellt. Die Modellierung eines Viertelfahrzeugs an der hinteren Achse läuft analog ab und ist in [Hee06] ausgeführt. Abbildung 5.3 zeigt das Viertelfahrzeugmodell für die Vorderachse. Neben dem Schwingungsdämpfer und der Schraubenfeder sind vier elastische Fahrwerklager abgebildet. Zusätzlich sind die Referenzstellen angedeutet, an denen Beschleunigungsmessungen durchgeführt werden (vgl. Kapitel 4).

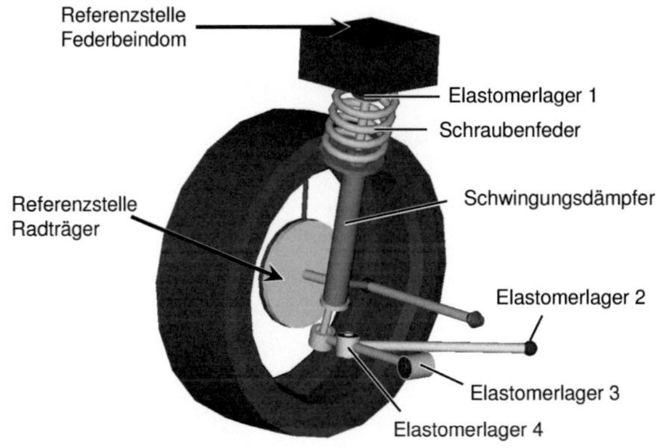

Abbildung 5.3: Viertelfahrzeugmodell der linken Vorderachse (McPherson)

Der Fahrzeugaufbau ist als starrer Körper modelliert. Seine Masse ist entsprechend der statischen Reifenaufstandskraft des Gesamtfahrzeugs an dieser Achse gewählt. Die Freiheitsgrade des Fahrzeugaufbaus beschränken sich auf eine translatorische Längs- und Vertikalbewegung. Die translatorische Bewegung in Fahrzeugquerrichtung und die rotatorischen Freiheitsgrade sind über ideale Gelenke gesperrt. Die McPherson Vorderachse (vgl. [Mat98]) ist wie im Gesamtfahrzeug elastokinematisch ausgeführt. Da auch im Gesamtfahrzeug diese Achse nicht angetrieben wird, ist ein Antrieb des Viertelfahrzeugs über eine äußere Kraft definiert, die auf den Fahrzeugaufbau wirkt. Die Einhaltung einer vorgegebenen Geschwindigkeit wird über eine einfache Regelung dieser Kraft erreicht.

5.2 Reifenmodell

Für die Fahrzeugdynamik ist der Reifen eines der wichtigsten Subsysteme. Während für fahrdynamische Betrachtungen kennlinienbasierte Reifenmodelle ausreichend sind, bedarf es für höherfrequente Schwingungsuntersuchungen, wie z. B. Komfort- oder Betriebsfestigkeitsanalysen, komplexerer Reifenmodelle (vgl. Abschnitt 3.2). Mit diesen Modellen können kurzwellige Hindernisse, kürzer als die Latschlänge, erfasst und die Reifendynamik abgebildet werden.

5.2.1 Prüfstandsmodell für Reifenmodelle

Detaillierte Untersuchungen und Charakterisierungen von Reifen werden häufig mit Messungen an Reifenprüfständen durchgeführt. Üblicherweise werden mit Hilfe dieser Messergebnisse die Parameter komplexer Reifenmodelle identifiziert. Für die Identifikation wird ein Modell des Prüfstandes eingesetzt, in dem das Reifenmodell eingefügt ist. Abbildung 5.4 zeigt das in dieser Arbeit verwendete Prüfstandsmodell.

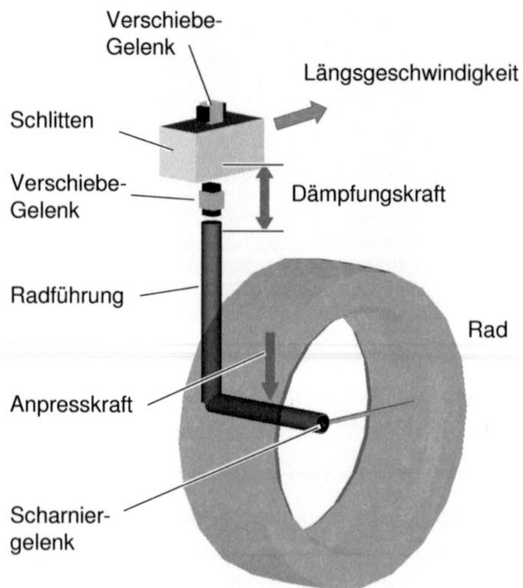

Abbildung 5.4: MKS-Modell des Reifenprüfstandes

Der Schlitten, der in Längsrichtung über eine Zwangsgeschwindigkeit geführt wird, ist über ein Verschiebegelenk mit der Radführung verbunden. Zwischen den beiden Körpern ist eine Dämpfungskraft formuliert, die zu Beginn der Simulation mit einem geringen Dämpfungskoeffizienten ein statisches Gleichgewicht aus Anpresskraft und Reifenkraft ermöglicht. Nach kurzer Zeit wird der Dämpfungskoeffizient sehr stark erhöht, so dass Bewegungen fast vollständig unterdrückt werden und das Rad fixiert ist. Das Rad ist über ein Scharniergelenk mit der Radführung verbunden. Da alle Körper außer dem Rad mit vernachlässigbar geringen Massen und Trägheitsmomenten modelliert sind, definiert die Anpresskraft die vertikal wirkende statische Radkraft auf den Reifen.

5.2.2 Reifenmodell Rigid-Ring

Zum besseren Verständnis der wichtigsten physikalischen Zusammenhänge und Effekte des Reifens wird in dieser Arbeit das Reifenmodell *Rigid-Ring* erstellt. Dieses Reifenmodell hat nicht den Anspruch, für allgemeine Gesamtfahrzeugsimulationen einsetzbar zu sein. Eine ausreichende Anzahl an kommerziellen Reifenmodellen ist dafür verfügbar. Diese Modelle bilden die Eigenschaften des Reifens in vielen Einsatzgebieten sehr gut ab. Für den Nutzer von kommerziellen Reifenmodellen ist es jedoch häufig nicht nachvollziehbar, wie komplex und aufwändig das Reifenmodell für die zu untersuchenden Fragestellungen wirklich sein muss. Deshalb wird hier ein einfaches Modell aufgebaut, das auf die wichtigsten Effekte des Reifens abzielt, jedoch auch klare Grenzen kennt. So können z. B. aufgrund einer fehlenden Längsschlupfdefinition nicht alle Effekte vollständig beschrieben werden, die für die Abbildung der Längsdynamik wichtig sind.

5.2.2.1 Modellbeschreibung Reifenmodell Rigid-Ring

Abbildung 5.5 zeigt die Prinzipskizze des Reifenmodells Rigid-Ring. Das zweidimensionale Reifenmodell besteht aus einem starren Kreisring, der in Translations- und Rotationsrichtung elastisch an die Felge gekoppelt ist. Der Kreisring kann nicht abrollen, sondern aufgrund der Verbindung zum Boden mit einem Feder-/Dämpferelement nur kleine Auslenkungen ausführen.

Im Folgenden werden die wesentlichen Elemente dieses einfachen Reifenmodells beschrieben. Dabei wird, wie bei der Klassifizierung der Reifenmodelle in Abschnitt 3.2, zwischen Enveloping Behavior und der Dynamik des Reifens unterschieden. Das Reifenmodell ist vollständig im Programmsystem ADAMS (vgl. Abschnitt 5.4) modelliert.

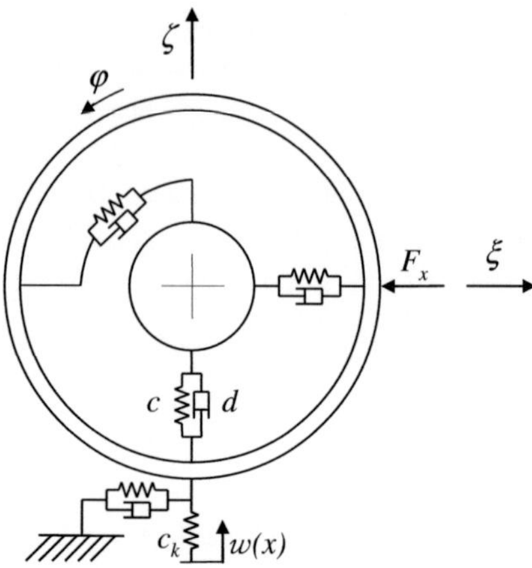

Abbildung 5.5: Prinzipskizze des Reifenmodells Rigid-Ring

Enveloping Behavior des Reifenmodells Rigid-Ring   Der starre Kreisring lässt keine Deformation oder Abplattung des Reifens zu. Deshalb reicht diese Modellierung nicht aus, um kurzwellige Hindernisse abbilden zu können. Ein empirischer Ansatz wird gewählt, um das Enveloping Behavior des Reifens zu modellieren. Der Ansatz ist aus [Sch04] übernommen und in vereinfachter Form angewendet. Die komplexere Form ist im Reifenmodell SWIFT (vgl. Abschnitt 3.2) implementiert.

Der Kerngedanke des empirischen Modells ist eine Filterung der Fahrbahn. Berücksichtigt werden nur die Fahrbahnunebenheiten, die vom Reifen übertragen werden und am Radträger wahrnehmbar sind. Die filternde Wirkung des Reifens wird mit zwei elliptischen Walzen nachgebildet, die über die Fahrbahn gleiten. Abbildung 5.6 zeigt den prinzipiellen Aufbau dieses Modells.

Mit den Formparametern a, b und c lässt sich in lokalen Koordinaten x und z für die Ellipsen der folgende Zusammenhang definieren:

$$\left(\frac{x}{a}\right)^c + \left(\frac{z}{b}\right)^c = 1. \tag{5.1}$$

Die Mittelpunkte der Walzen sind miteinander verbunden. Die effektive Höhe $w(X)$ und die effektive Neigung $\beta(X)$ definieren zusammen die *effektive Fahrbahn*. Die effektive Höhe wird am Mittelpunkt der Verbindungslinie der Walzen ausgewertet. Der Winkel zwischen dieser Verbindungslinie und der Horizontalen bestimmt die effektive Neigung.

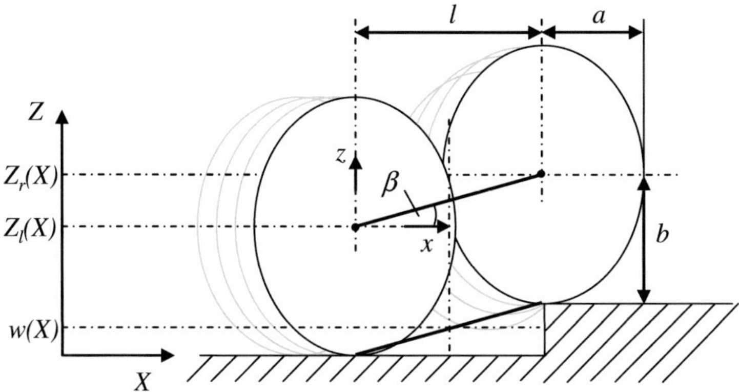

Abbildung 5.6: Elliptische Walzen für die Modellierung des Enveloping Behavior des Reifenmodells Rigid-Ring

Aus den Mittelpunktshöhen der rechten und linken Walze Z_r und Z_l sowie der Halbachse b ergibt sich für die effektive Höhe $w(X)$:

$$w(X) = \frac{Z_r + Z_l}{2} - b.$$ (5.2)

Die effektive Neigung der Straße $\beta(X)$ berechnet sich mit

$$\tan \beta(X) = \frac{Z_r - Z_l}{l},$$ (5.3)

wobei l der horizontale Abstand der beiden Walzen ist. Wie die Aufstandsfläche eines Reifens, ist auch dieser Abstand abhängig von der auftretenden Radlast. Eine durchschnittliche statische Belastung wird bei diesem Modell berücksichtigt, der Einfluss der dynamischen Radlaständerung ist jedoch vernachlässigt. Damit kann die effektive Fahrbahn bereits vor einer Simulation berechnet werden.

Der Kreisring des Rigid-Ring Modells ist über eine nichtlineare Kontaktsteifigkeit an die effektive Fahrbahn gekoppelt. In Druckrichtung besitzt diese Feder eine lineare Steifigkeit c_0 und in Zugrichtung werden keine Kräfte aufgebracht. Für die Steifigkeit c_k gilt daher

$$c_k = \begin{cases} c_0 & \text{für} \quad L \leq L_0 \\ 0 & \text{für} \quad L > L_0 \end{cases},$$ (5.4)

wobei L die Federlänge und L_0 die ungespannte Federlänge ist. Der Wert der Steifigkeit c_k wird deutlich geringer gewählt als die physikalische Kontaktsteifigkeit des Reifenmodells. Dadurch wird das Abplatten des Reifens modelliert, und das (quasi-) statische Steifigkeitsverhalten des Reifens lässt sich abbilden.

Da der Reifen nicht abrollt und sich dadurch nicht vorwärts bewegt, wird die Fahrbahnanregung nicht ortsabhängig, sondern als Funktion der Zeit formuliert. Die zeitabhängige effektive Straße lässt sich über die Fahrzeuggeschwindigkeit $v(t)$ mit

$$w(t) = w(\textstyle\int v(t)dt) \quad \text{bzw.} \quad \beta(t) = \beta(\textstyle\int v(t)dt) \tag{5.5}$$

definieren.

Mit der effektiven Höhe $w(t)$ und der vertikalen Auslenkung des Kreisrings $\zeta(t)$ ergibt sich die Vertikalkraft

$$F_z(t) = c_k(w(t) - \zeta(t)). \tag{5.6}$$

Über die effektive Neigung wird die Längskraft

$$F_x(t) = F_z(t)\tan\beta(t) \tag{5.7}$$

mit der Vertikalkraft F_z in Zusammenhang gebracht. Diese Kraft wird dem Reifengürtel als äußere Kraft aufgeprägt.

Dynamik des Reifenmodells Rigid-Ring   Der starre Kreisring, der gegenüber der Felge elastisch gelagert ist, kann Moden des Reifens abbilden, die sich auf Starrkörperbewegungen des Reifengürtels beschränken. Elastische Verformungen des Reifengürtels und entsprechende Schwingungsmoden werden nicht berücksichtigt. Für die elastische Lagerung, die sogenannte *Gürtelbettung*, werden lineare Feder-/Dämpferelemente eingesetzt. Da bei den hier verwendeten Fahrbahnen nur eine sehr geringe Anregung in Fahrzeugquerrichtung auftritt, werden der translatorische Freiheitsgrad in Querrichtung und die Rotationen um die Längs- und Hochachse ausgeschlossen. Dadurch können nur Moden in der Reifenebene abgebildet werden.

Die Massen- und Trägheitseigenschaften des realen Reifens werden auf die Felge und den Reifengürtel (Kreisring) aufgeteilt. Anteile des Reifens, die eng mit der Felge verbunden sind (z. B. der Reifenwulst oder Teile der Karkasse), werden zur Felge addiert, der restliche Anteil wird dem Kreisring zugerechnet.

Ein geeignetes Längskontaktmodell in der Reifenaufstandsfläche ist wichtig für die korrekte Abbildung der Längsdynamik. Dadurch werden der rotatorische Freiheitsgrad φ und der Freiheitsgrad ξ in Längsrichtung gekoppelt. Dies kann bei Bodenkontakt einen signifikanten Einfluss auf die Eigenmoden und Eigenfrequenzen des Reifens haben. Das Reifenmodell Rigid-Ring besitzt einen relativ einfachen Längskontakt, der aus einem parallelen Feder-/Dämpferelement besteht. Eine Modellierung des Längsschlupfs wird hier nicht realisiert.

Für die Anregung des Reifens in Längsrichtung spielen zwei Faktoren eine entscheidende Rolle. Wie bereits durch Gl. (5.7) ausgedrückt, wird der Reifen durch die effektive Neigung der Fahrbahn in Längsrichtung angeregt. Dieser Effekt ist in dem Modell berücksichtigt. Zusätzlich spielt die Variation der Rotationsgeschwindigkeit des Reifens bei der Überfahrt eines Hindernisses eine wichtige Rolle (vgl. [Zeg98]). Diese Variationen erzeugen in der Kontaktfläche Änderungen im Längsschlupf, die sich auf die Längskraft auswirken. Die Variationen der Rotationsgeschwindigkeit sind auf die Änderungen des effektiven Rollradius zurückzuführen, der sich beim Auftreffen auf ein Hindernis schlagartig verringert. Eine Längskraft in der Kontaktfläche verursacht zusätzlich ein Moment um die Rotationsachse des Reifens. Dadurch wird auch die Rotationsmode des Reifengürtels angeregt. Die Variation der Rotationsgeschwindigkeit und ein entsprechender Längsschlupf sind in diesem relativ einfachen Reifenmodell nicht berücksichtigt. Daher kann die Längsdynamik des Reifens nur in begrenztem Umfang abgebildet werden.

In [Mao05] wird ein ähnliches Reifenmodell vorgestellt. Die Beschreibung des Kontaktes wird dort mit der dreidimensionalen Kontaktformulierung von ADAMS umgesetzt. Der 3D-Kontakt wird zwischen Kreisring und Fahrbahn definiert, wobei das Profil der Fahrbahn als 3D-Geometrie (Extrusion) modelliert ist. Die deutlich aufwändigere Modellierung ist verbunden mit erheblich höheren Rechenzeiten. Es wird ebenfalls eine relativ geringe Kontaktsteifigkeit eingesetzt, um ein Abplatten des Reifens abbilden zu können. Damit tritt eine deutlich größere Durchdringung auf als sie bei der Modellierung von Kontakten starrer Körper üblich ist. Das verletzt die Voraussetzung kleiner Durchdringungen, die der Kontaktformulierung in ADAMS zugrunde liegt. Dieser Ansatz wird daher hier nicht weiter verfolgt.

5.2.2.2 Parameteridentifikation Reifenmodell Rigid-Ring

Die Parameter des Reifenmodells Rigid-Ring werden mit gemessenen statischen Steifigkeiten, Längs- und Vertikalkraftmessungen bei einer Schlagleistenüberfahrt und Daten aus einer experimentellen Modalanalyse identifiziert. Die Massen und Trägheitsmomente des Reifens sind ebenfalls experimentell bestimmt. Die vertikalen und longitudinalen Reifenkräfte der Schlagleistenüberfahrt werden bei einer simulierten Geschwindigkeit von 40 km/h an einem Reifenprüfstand gemessen. Diese Geschwindigkeit ist passend zu den Fahrversuchen auf der Waschbrettstrecke gewählt. Die Schlagleiste hat eine Höhe von 10 mm, ist 20 mm breit und die Länge überragt auf beiden Seiten die Reifenbreite.

Die Eigenkreisfrequenz ω des gedämpften Systems und das Abklingverhalten der vertikalen Gürtelschwingungsmode lässt sich aus dem zeitlichen Verlauf der vertikalen Radkraft bei der Schlagleistenüberfahrt ermitteln. Zusammen mit statischen Messungen können damit die Steifigkeit c und der Dämpfungskoeffizient d der translatorischen Gürtelbettung sowie die Kontaktsteifigkeit c_k identifiziert werden. Zunächst wird das logarithmische Dekrement

$$\Lambda = \ln\frac{F_z(t) - F_0}{F_z(t + T) - F_0} \tag{5.8}$$

dieser Vertikalschwingung gebildet, wobei F_0 die statische Radkraft und T die Periodendauer einer Schwingung sind.

Damit lässt sich über Gl. (5.9) das *Lehr'sche Dämpfungsmaß*

$$D = \frac{\Lambda}{\sqrt{\Lambda^2 + 4\pi^2}} \tag{5.9}$$

bestimmen. Die *gedämpfte* Eigenkreisfrequenz ω lässt sich mit der *ungedämpften* Eigenkreisfrequenz ω_0 und dem Lehr'schen Dämpfungsmaß folgendermaßen ausdrücken:

$$\omega = \omega_0\sqrt{1 - D^2}. \tag{5.10}$$

Der Radträger ist bei der Schlagleistenüberfahrt auf dem Prüfstand fixiert. Dadurch kann man eine Ersatzsteifigkeit $c_{\text{Ers\_P}}$ definieren, die sich als Parallelschaltung der Steifigkeiten c und c_k aus Abbildung 5.5 definieren lässt:

$$c_{\text{Ers\_P}} = c + c_k. \tag{5.11}$$

Da die Vertikalbewegung von den anderen Freiheitsgraden entkoppelt ist, lässt sich für die vertikale ungedämpfte Eigenkreisfrequenz ω_0 folgender einfacher Zusammenhang aufstellen:

$$\omega_0 = \sqrt{\frac{c_{\text{Ers\_P}}}{m}}. \tag{5.12}$$

Die Ersatzsteifigkeit ergibt sich somit zu

$$c_{\mathrm{Ers\_P}} = \frac{\omega^2\, m}{1 - D^2}.$$ (5.13)

Der Dämpfungskoeffizient

$$d = 2D\sqrt{c_{\mathrm{Ers\_P}}\, m}$$ (5.14)

der Gürtelbettung kann mit Hilfe der Gürtelmasse m berechnet werden.

Für eine statische Belastung wird eine Ersatzsteifigkeit als Reihenschaltung der beiden Steifigkeiten c und c_k definiert und der gemessenen statischen Belastung gleichgesetzt. Für die Ersatzsteifigkeit gilt

$$c_{\mathrm{Ers\_R}} = \frac{c\, c_k}{c + c_k}.$$ (5.15)

Mit Gln. (5.11) und (5.15) lassen sich die beiden Steifigkeiten c und c_k eindeutig bestimmen.

Abbildung 5.7 zeigt Mess- und Simulationsergebnisse der Schlagleistenüberfahrt an einem Reifenprüfstand für die vertikale Radkraft.

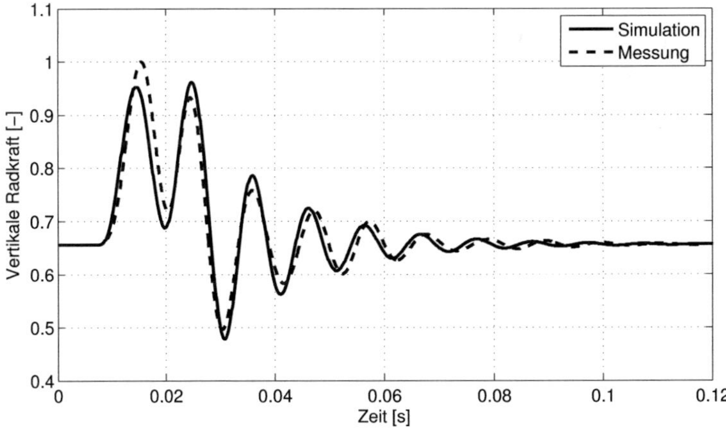

Abbildung 5.7: Vertikale Radkraft F_z bei der Überfahrt einer Schlagleiste, Breite 20 mm und Höhe 10 mm, Simulation des Reifenmodells Rigid-Ring und Messung an einem Reifenprüfstand, 40 km/h

Beide Ergebnisse sind auf den höchsten Wert der Messung normiert. Die Simulationen werden mit Hilfe des Reifenprüfstandsmodells durchgeführt, das in Abschnitt 5.2.1 vorgestellt wird. Die Längsgeschwindigkeit ist für dieses Reifenmodell deaktiviert, da die Anregung über eine Zeitfunktion realisiert ist.

Trotz der relativ einfachen Modellierung lässt sich in vertikaler Richtung eine gute Übereinstimmung zwischen Simulations- und Messergebnissen erzielen. Welchen Einfluss die Modellierung der Reifendynamik und das Enveloping Modell jeweils spielen, zeigt Abbildung 5.8. Wird die Reifenbettung zwischen Gürtel und Felge starr ausgeführt, wird keine Dynamik des Reifens abgebildet. In Abbildung 5.8(a) ist die Reaktionskraft des starren Gelenkes zwischen der Felge und dem Reifengürtel dargestellt. Für den Verlauf der Radkraft F_z in Abbildung 5.8(b) wird die Reifendynamik berücksichtigt, das Enveloping Modell ist jedoch deaktiviert.

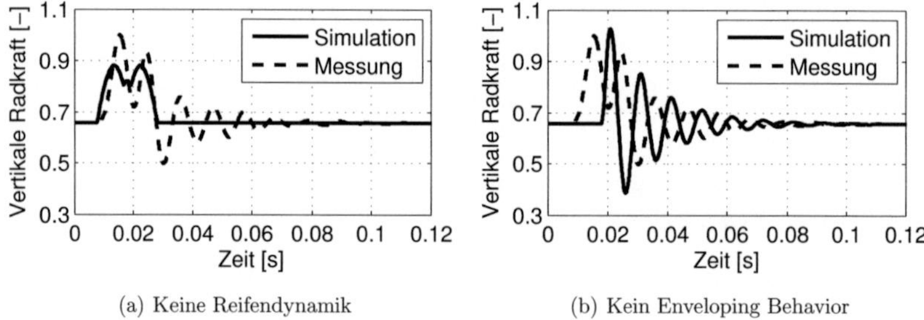

(a) Keine Reifendynamik   (b) Kein Enveloping Behavior

Abbildung 5.8: Einfluss der Reifendynamik und des Enveloping Behavior des Reifenmodells Rigid-Ring anhand der vertikalen Radkraft bei der Überfahrt einer Schlagleiste, Breite 20 mm und Höhe 10 mm, 40 km/h

In beiden Abbildungen sind unbefriedigende Übereinstimmungen zwischen Simulation und Messung zu sehen. Die Berücksichtigung nur eines Modellteils ist nicht ausreichend. Bei dieser Fahrbahn kann nur durch die Modellierung der Reifendynamik und des Enveloping Behavior eine gute Abbildungsgenauigkeit erzielt werden.

Die Drehsteifigkeit der Gürtelbettung wird über die experimentelle Modalanalyse abgeschätzt. Dabei ist zu beachten, dass die Eigenfrequenzen eines rollenden Reifens geringer sind als die Eigenfrequenzen des freien oder stehenden Reifens (vgl. [DWK05]). Das Feder-/Dämpferelement des Längskontakts wird mit Hilfe der longitudinalen Radkraft bei der Schlagleistenüberfahrt bestimmt. Die Federkonstante wird so gewählt, dass die Frequenz der auftretenden Längsschwingung gut abgebildet wird. Der Dämpfungskoeffizient des Längskontakts und der rotatorischen Gürtelbettung wird über das Abklingverhalten der Längskraft angenähert. In Abbildung 5.9 sind die Mess- und Simulationsergebnisse der Schlagleistenüberfahrt an einem Reifenprüfstand dargestellt.

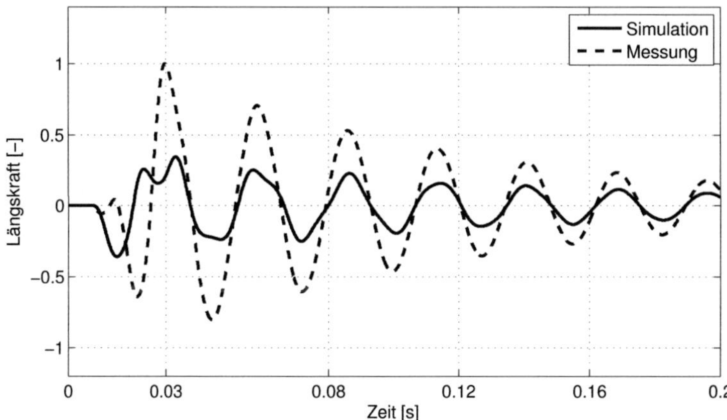

Abbildung 5.9: Longitudinale Radkraft F_x bei der Überfahrt einer Schlagleiste, Breite 20 mm und Höhe 10 mm, Simulation des Reifenmodells Rigid-Ring und Messung an einem Reifenprüfstand, 40 km/h

Aufgrund der Modellvereinfachungen wird, wie zu erwarten, in Längsrichtung keine besonders gute Übereinstimmung zur Messung erreicht. Für die Zielsetzung, die wichtigsten physikalischen Zusammenhänge und Effekte des Reifens für den Anwendungsbereich dieser Arbeit zu verstehen, ist die Modellkomplexität jedoch vollkommen ausreichend.

Es ist zu beachten, dass das Reifenmodell Rigid-Ring anhand der Schlagleistenüberfahrt parametriert ist. Entsprechend lassen sich bei dem Vergleich mit dieser Messung, zumindest für die vertikale Radkraft, besonders gute Übereinstimmungen erzielen. Ein realer Reifen besitzt viele nichtlineare Effekte, die in diesem Modell nicht berücksichtigt werden. Daher kann nicht davon ausgegangen werden, dass z. B. andere Geschwindigkeitsbereiche oder andere Radlasten mit den gleichen Parametern genauso gut abgedeckt werden. Wie eingangs erwähnt, ist das Modell jedoch bewusst nicht für einen breiten Anwendungsbereich ausgerichtet.

In Kapitel 6 werden Simulationen bei der Schlagleistenüberfahrt und auf der Waschbrettstrecke gezeigt, wobei dieses Reifenmodell in das Viertelfahrzeugmodell integriert ist.

5.2.3 Kommerzielles Reifenmodell RMOD-K

In Abschnitt 3.2.3 werden verschiedene kommerzielle Reifenmodelle vorgestellt. Im Rahmen dieser Arbeit wird für Gesamtfahrzeugsimulationen das Reifenmodell RMOD-K verwendet. Analysen (vgl. [Mao05]) zeigen, dass grundsätzlich alle vorgestellten kommerziellen Reifenmodelle für die zu in dieser Arbeit betrachteten Fahrbahnen geeignet sind. Das Reifenmodell RMOD-K wird hier gewählt, da es beim Fahrzeughersteller für Simulationen mit dem oben vorgestellten Gesamtfahrzeugmodell verwendet wird und darin bereits entsprechend integriert ist.

Die in Kapitel 4 beschriebenen Fahrbahnprofile regen das Fahrzeug nicht in Querrichtung an. Die Schlagleiste und die Schwellen der Waschbrettstrecke sind rechtwinklig angeordnet. Deshalb ist hier das dreidimensionale Reifenmodell nicht notwendig. Aufgrund der kurzwelligen Anregungen wird die strukturdynamische, zweidimensionale Modellversion von RMOD-K eingesetzt. Auf eine detaillierte Beschreibung der Modellierung wird hier verzichtet. Eine kurze Darstellung und Verweise auf weiterführende Literatur sind in Kapitel 3 gegeben.

Die Verwendung geeigneter Parameter ist beim Einsatz des Reifenmodells essentiell. Zur Parameteridentifikation dieses oder anderer ähnlich komplexer Modelle werden in der Regel umfangreiche Messungen durchgeführt. Neben statischen Steifigkeitsmessungen, experimentellen Modalanalysen, Schlagleistenüberfahrten mit verschiedenen Schlagleistenformen werden auch Messungen zur Bestimmung von Seiten- und Längskraftkennlinien durchgeführt. Die Variationen von Geschwindigkeit, Radlast und Reifendruck vergrößern den Anwendungsbereich entsprechend.

Die Vorder- und Hinterräder des in dieser Arbeit verwendeten Fahrzeugs besitzen unterschiedliche Reifengrößen. Ein validierter Parametersatz steht für die in den Fahrzeugmessungen verwendeten Reifen nicht zur Verfügung. Nur einzelne Messungen an einem Reifenprüfstand, die auch für die Parametrierung des Reifenmodells Rigid-Ring verwendet werden, sind verfügbar. Zusammen mit bekannten Parametern ähnlicher Reifen liefern diese Messungen eine gute Ausgangsbasis für den Parametersatz der bei den Fahrversuchen verwendeten Reifen.

Die Parameteridentifikation des Reifenmodells wird an dieser Stelle nicht vollständig abgeschlossen. In Kapitel 6 werden vielmehr einzelne Parameter des Reifenmodells in Sensitivitätsstudien erfasst, die für die jeweilige Anwendung den größten Einfluss auf Ausgangsgrößen haben.

Abschließend wird in Abbildung 5.10 die vertikale Radkraft der gleichen Schlagleistenüberfahrt wie für die Parameteridentifikation des Reifenmodells Rigid-Ring dargestellt. Einige RMOD-K Parameter sind hier bereits angepasst, um die statische Steifigkeit des Reifens und die vertikale Eigenfrequenz seines Gürtels besser zu treffen.

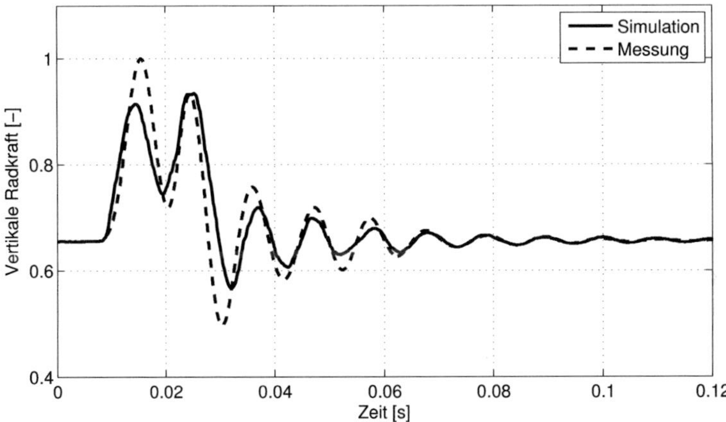

Abbildung 5.10: Vertikale Radkraft F_z bei der Überfahrt einer Schlagleiste, Breite 20 mm und Höhe 10 mm, Simulation des Reifenmodells RMOD-K und Messung an einem Reifenprüfstand, 40 km/h

5.3 Fahrbahnmodell

In Kapitel 4 sind die bei den Fahrzeugmessungen verwendeten Fahrbahnen kurz angegeben. Für die Durchführung entsprechender Fahrzeugsimulationen ist die Modellbildung virtueller Fahrbahnen notwendig. Entwicklungsbegleitende Simulationen bei Fahrzeugherstellern werden typischerweise mit regellosen Fahrbahnen durchgeführt, die optisch vermessen werden. Entsprechend aufbereitet (vgl. [GAR05]) dienen diese Fahrbahnprofile als Eingangsgrößen für das Reifenmodell.

Aufgrund des einfachen und deterministischen Profils lassen sich die hier verwendeten Fahrbahnen relativ gut ohne Messungen beschreiben. Dazu wird zunächst ein ideales Fahrbahnprofil modelliert. Rauigkeiten und regellose Anteile aufgrund von Ungenauigkeiten bei der Fahrbahnerstellung werden über stochastische Ansätze beschrieben und dem idealen Fahrbahnmodell überlagert.

5.3.1 Ideale Fahrbahnanregung

Für das Reifenmodell RMOD-K lässt sich für jede Fahrspur ein wegabhängiges Höhen-
profil, eine sogenannte *Unebenheitsfunktion* $h(x)$, definieren. Dazu wird die Fahrbahn
diskretisiert und jeder Stützstelle eine Höhe zugewiesen. Die einfache Geometrie der
Schlagleiste lässt sich direkt definieren. Die Geometrie der Waschbrettstrecke wird mit
Hilfe des Softwaretools MATLAB (vgl. [mat06]) beschrieben.

Für die Auswertung von Simulationen und Versuchen mit der Waschbrettstrecke ist die
Analyse des Anregungsspektrums im Frequenzbereich interessant. Nach [MW04] lässt
sich für unendlich lange Fahrbahnen eine Unebenheitsfunktion $h(x)$ mit

$$h(x) = \int\limits_{-\infty}^{+\infty} \hat{h}(\Omega)e^{j\Omega x}\mathrm{d}\Omega \tag{5.16}$$

angeben, wobei Ω die Wegkreisfrequenz mit der Wellenlänge L nach der Definition

$$\Omega = \frac{2\pi}{L} \tag{5.17}$$

darstellt. Das dazugehörige kontinuierliche Amplitudenspektrum lässt sich mit

$$\hat{h}(\Omega) = \frac{1}{2\pi} \int\limits_{-\infty}^{+\infty} h(x)e^{-j\Omega x}\mathrm{d}x \tag{5.18}$$

definieren. Entsprechend gilt für das diskrete Amplitudenspektrum

$$\hat{h}(\Omega_n) = \frac{1}{2\pi}u_n(\Omega_n)\Delta x \tag{5.19}$$

mit

$$u_n(\Omega_n) = \sum_{k=0}^{N-1} h_k e^{-jnk\frac{2\pi}{N}} \quad \text{für} \quad n = 0, ..., N-1. \tag{5.20}$$

Über den Zusammenhang

$$\omega = v\Omega \tag{5.21}$$

wird mit der Fahrgeschwindigkeit v eine Verbindung zwischen der Zeitkreisfrequenz ω und der Wegkreisfrequenz Ω hergestellt. Damit kann Gl. (5.16) auch zeitabhängig formuliert werden:

$$h(t) = \int\limits_{-\infty}^{+\infty} \hat{h}(\omega)e^{j\omega t}\mathrm{d}\omega. \tag{5.22}$$

Entsprechend gilt für das zeitfrequenzabhängige kontinuierliche Spektrum

$$\hat{h}(\omega) = \frac{1}{2\pi} \int\limits_{-\infty}^{+\infty} h(t)e^{-j\omega t}\mathrm{d}t \tag{5.23}$$

und für das diskrete Spektrum

$$\hat{h}(\omega_n) = \frac{1}{2\pi}u_n(\omega_n)\Delta t. \tag{5.24}$$

Mit dem Zusammenhang $\omega = 2\pi f$ lässt sich aus Gl. (5.24) das Anregungsspektrum $\hat{h}(f_n)$ berechnen. In Abbildung 5.11 ist diese frequenzabhängige Fahrbahnhöhe bei einer Fahrgeschwindigkeit von 40 km/h für jeden Abschnitt der Waschbrettstrecke über der Frequenz dargestellt. Die Amplituden sind mit der maximalen Amplitude eines jeden Abschnitts auf den Wert 1 normiert.

Wie in Abschnitt 4.2.2 eingeführt, ergibt sich bei der Waschbrettstrecke bei dieser Geschwindigkeit eine periodische Anregung mit einer Grundharmonischen zwischen 9 Hz und 16 Hz. Die Höherharmonischen als Vielfache dieser Grundfrequenz sind in dieser Darstellung ebenfalls zu erkennen. Niedrigere Frequenzanteile aufgrund eines von null verschiedenen Mittelwertes von $h(t)$ sind ausgeblendet.

5.3.2 Stochastische Fahrbahnanregung

Bisher wird nur ein idealisiertes Fahrbahnprofil betrachtet. Eine reale Fahrbahn weist jedoch immer gewisse Unregelmäßigkeiten auf, die selbst bei sehr guten Fahrbahnoberflächen auftreten. Daher wird in diesem Abschnitt zunächst eine Bewertung von realen Fahrbahnen und anschließend zwei Ansätze zur Modellbildung von stochastischen Fahrbahnprofilen vorgestellt. Der Abschnitt schließt mit der Überlagerung des idealen Fahrbahnprofils mit einer stochastischen Anregung.

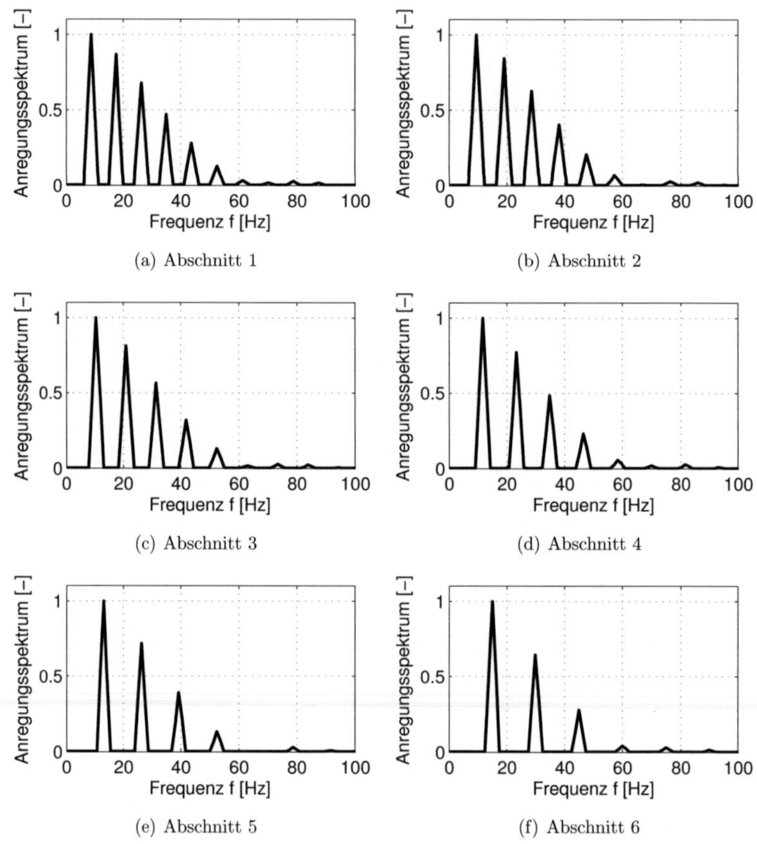

(a) Abschnitt 1

(b) Abschnitt 2

(c) Abschnitt 3

(d) Abschnitt 4

(e) Abschnitt 5

(f) Abschnitt 6

Abbildung 5.11: Anregungsspektrum $\hat{h}(f)$ der Waschbrettstrecke bei einer Fahrgeschwindigkeit von 40 km/h, abschnittsweise dargestellt

Zur Bewertung und Klassifizierung von Fahrbahnunebenheiten wird für lange Wegstrecken X die spektrale Unebenheitsdichte

$$\Phi_h(\Omega) = \frac{4\pi}{X}\left[\hat{h}(\Omega)\right]^2 \tag{5.25}$$

eingeführt, die von der Wegkreisfrequenz Ω abhängt (vgl. [MW04]). Unter Verwendung von Gl. (5.20) lässt sich Gl. (5.25) in diskreter Form darstellen:

$$\Phi_h(\Omega) = \frac{1}{X\pi}u_n^2(\Omega_n)(\Delta x)^2. \tag{5.26}$$

In [Bra69], [BH91] und [MW04] wird gezeigt, dass die spektrale Unebenheitsdichte

$$\Phi_h(\Omega) = \Phi_h(\Omega_0)\left[\frac{\Omega}{\Omega_0}\right]^{-w} \tag{5.27}$$

über der Wegkreisfrequenz Ω aufgetragen, in doppeltlogarithmischer Darstellung durch eine Gerade angenähert werden kann. Dabei stellt Ω_0 eine *Bezugswegkreisfrequenz* dar und $\Phi_h(\Omega_0)$ ist ein *Unebenheitsmaß*, das über die Qualität der Fahrbahn Aufschluss gibt. Die Welligkeit w ist ein Maß dafür, ob vorwiegend kleine oder große Wellenlängen in der Fahrbahn enthalten sind.

Eine Möglichkeit zur Klassifizierung von Straßen bietet die Norm ISO 8608: 1995(E). Wie in Tabelle 5.1 dargestellt, lassen sich bei gleicher Welligkeit über die Variation des Unebenheitsmaßes $\Phi_h(\Omega_0)$ verschiedene Klassen definieren (vgl. [MW04]).

Tabelle 5.1: Unebenheitsmaß $\Phi_h(\Omega_0)$ in cm^3 verschiedener Fahrbahnklassen nach ISO 8608: 1995(E), Ω_0=1 m^{-1}, $w = 2$ [MW04]

Klasse	Untere Grenze	Mittelwert	Obere Grenze	Subjektivurteil für Ebenheit
A	0	1	2	sehr gut
B	2	4	8	gut
C	8	16	32	mittel
D	32	64	128	schlecht
E	128	256	512	sehr schlecht

Nach Gl. (5.27) nimmt die Unebenheitsdichte Φ_h für $\Omega \to 0$ unendlich große Werte an. Aus diesem Grunde sollte die Näherungsgerade für kleine Werte von Ω beschränkt sein. In [Par61] wird deshalb der zusätzliche Parameter β eingeführt, der hier übernommen wird. Bei den meisten realen Fahrbahnen kann für die Welligkeit $w = 2$ angenommen werden, womit sich der Zusammenhang aus Gl. (5.27) folgendermaßen darstellen lässt:

$$\Phi_h(\Omega) = \Phi_h(\Omega_0)\frac{\Omega_0^2}{\beta^2 + \Omega^2}. \tag{5.28}$$

Die spektrale Unebenheitsdichte $\Phi(\Omega)$ der idealen Waschbrettstrecke zusammen mit den verschiedenen Fahrbahnklassen nach der Norm ISO 8608: 1995(E) zeigt Abbildung 5.12. Es werden jeweils die Mittelwerte des Unebenheitsmaßes $\Phi_h(\Omega_0)$ verwendet (vgl. Tabelle 5.1).

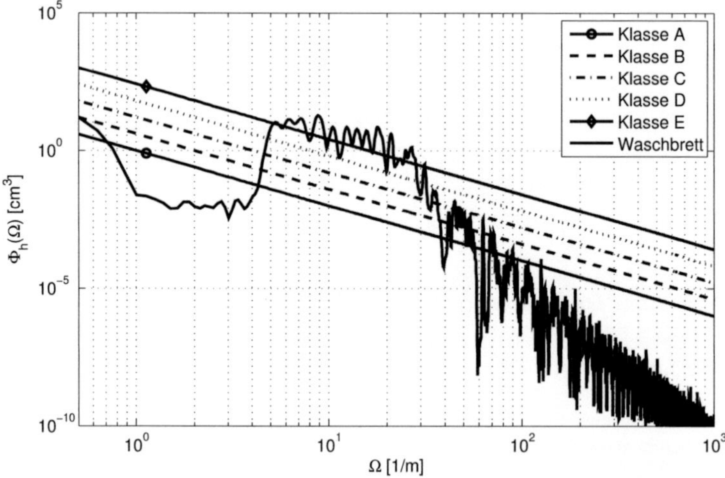

Abbildung 5.12: Spektrale Unebenheitsdichte $\Phi(\Omega)$ der Waschbrettstrecke und verschiedene Fahrbahnklassen nach der Norm ISO 8608: 1995(E)

Zwischen $5\,\frac{1}{\mathrm{m}}$ und $50\,\frac{1}{\mathrm{m}}$ lässt sich die spektrale Unebenheitsdichte der Waschbrettstrecke mit der einer *sehr schlechten* Fahrbahn vergleichen (Klasse E). Bei einer Geschwindigkeit von 40 km/h entspricht dieser Bereich einer Frequenz f zwischen 9 Hz und 90 Hz. Aufgrund der starken Amplitude der idealen Waschbrettstrecke lässt sich vermuten, dass in diesem Bereich die stochastische Anregung nur eine untergeordnete Rolle spielt. Mit Simulationen wird in Kapitel 6 der Einfluss der stochastischen Anregung noch detaillierter untersucht. Außerhalb dieses Bereichs fällt die spektrale Unebenheitsdichte selbst unter der einer *sehr guten* Fahrbahnklasse ab. Der Einfluss der stochastischen Anregung ist deshalb dort größer. Rauigkeiten und regellose Anteile aufgrund von Ungenauigkeiten bei der Fahrbahnerstellung werden in dieser Arbeit für die Waschbrettstrecke mit der stochastischen Anregung einer *guten* Fahrbahn (Klasse *B*) modelliert.

5.3.2.1 Modellbildung der stochastischen Fahrbahnanregung

Im Rahmen dieser Arbeit werden zwei Ansätze zur Modellbildung einer stochastischen Anregung verfolgt. Die Verwendung einer inversen Fouriertransformation und der Einsatz von linearen Filterprozessen werden untersucht. Als Grundlage für die zu modellierende Unebenheitsdichte dient die Klassifizierung der Fahrbahnen nach der Norm ISO 8608: 1995(E).

In [Ric90] wird für die rechte und linke Fahrspur eine unterschiedliche Anregung modelliert. Wankbewegungen spielen in dieser Arbeit nur eine untergeordnete Rolle, weshalb hier auf eine unterschiedliche Anregung der linken und rechten Fahrspur verzichtet wird.

Weiterführende Literatur zu stochastischer Fahrbahnanregung ist beispielsweise in [Klo88], [Ril83] oder [Rab01] zu finden. Grundlagen werden auch in [Sch60] vermittelt. In [Wed03a] und [Wed03b] sind weitere Studien zur Dynamik von Kraftfahrzeugen auf stochastischen Straßen zu finden. Berechnungsverfahren für stochastische Fahrzeugschwingungen werden in [MPS80] vorgestellt.

Spektralmethode Zunächst wird eine Methode vorgestellt, bei der eine inverse Fouriertransformation eingesetzt wird. Löst man Gl. (5.25) nach $\hat{h}(\Omega)$ auf, so gilt

$$\hat{h}(\Omega) = \sqrt{\frac{X}{4\pi}|\Phi_h(\Omega)|}. \tag{5.29}$$

Damit ist die Amplitude der komplexen Unebenheitsdichte bestimmt. Der Phasenwinkel wird anhand einer Gleichverteilung zwischen $-\pi$ und π zufällig erzeugt. Somit ist die komplexe Größe vollständig definiert und die Unebenheitsfunktion $h(x)$ kann mit Hilfe einer inversen Fouriertransformation (vgl. Gl. (5.16)) berechnet werden.

Bei der numerischen Umsetzung dieser Vorgehensweise wird die gewünschte spektrale Unebenheitsdichte als Linienspektrum diskretisiert. Diese Diskretisierung im Frequenzbereich hat zur Folge, dass die erzeugte Unebenheitsanregung ebenfalls nur diskrete Frequenzen beinhaltet. Aus diesem Grund wird das Verfahren in dieser Arbeit nicht weiterverwendet. Ein Vorteil dieser Methode ist die relativ einfache Implementierung.

Linearer Filterprozess Eine zweite Möglichkeit zur Modellierung stochastischer Fahrbahnanregungen beruht auf der Filterung eines Rauschprozesses. Ausführliche Informationen und weiterführende Literatur zu dieser und ähnlicher Thematik lassen sich beispielsweise in [Amm89], [Amm90] oder [Cic06] finden. Bei dieser Vorgehensweise werden zunächst Filterparameter für die Übertragungsfunktion $H(j\Omega)$ identifiziert, so dass $H(j\Omega)^2 S(\Omega)$ der gewünschten spektralen Leistungsdichte

$$\Phi_h(\Omega) = H(j\Omega)^2 S(\Omega) \qquad (5.30)$$

entsprechen, wobei $S(\Omega)$ die spektrale Leistungsdichte des Rauschprozesses darstellt. Im einfachsten Fall wird als Rauschprozess amplitudenbegrenztes *Weißes Rauschen* verwendet, das normalverteilt ist. Für die spektrale Leistungsdichte von weißem Rauschen gilt $S(\Omega) = 1$ und damit ist $\Phi_h(\Omega) = H(j\Omega)^2$.

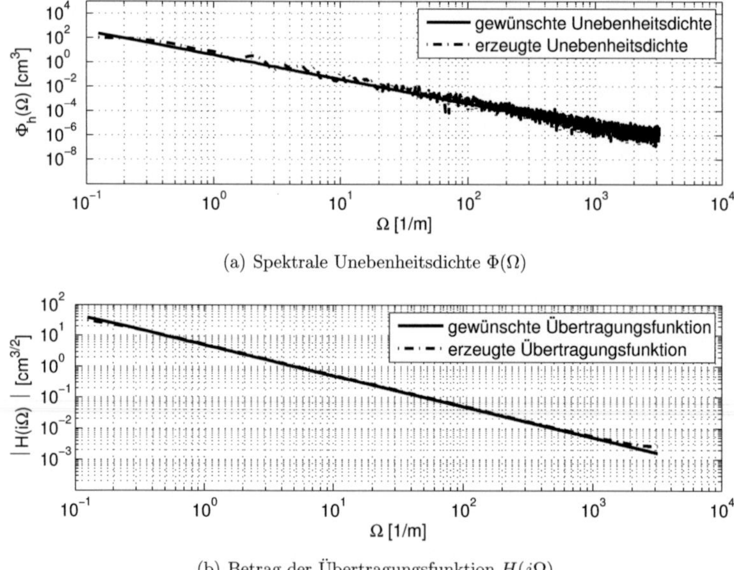

(a) Spektrale Unebenheitsdichte $\Phi(\Omega)$

(b) Betrag der Übertragungsfunktion $H(j\Omega)$

Abbildung 5.13: Durch Filterung von weißem Rauschen erzeugtes Fahrbahnprofil einer Fahrbahn der Klasse B nach der Norm ISO 8608: 1995(E)

In Abbildung 5.13(a) ist die gewünschte spektrale Unebenheitsdichte $\Phi_h(\Omega)$ einer Fahrbahn der Klasse B nach der Norm ISO 8608: 1995(E) dargestellt. Ebenfalls dargestellt ist die spektrale Unebenheitsdichte der durch die Filterung des Weißen Rauschens erzeugten Unebenheitsanregung. Abbildung 5.13(b) zeigt den Betrag der entsprechenden Übertragungsfunktion $H(j\Omega)$.

Die mit diesem Verfahren modellierte Unebenheitsanregung $h(x)$, das gefilterte weiße Rauschen, ist in Abbildung 5.14 dargestellt.

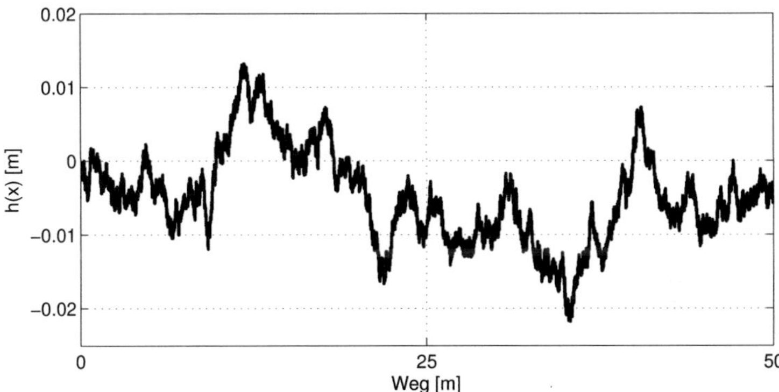

Abbildung 5.14: Durch Filterung von weißem Rauschen erzeugte Unebenheitsanregung $h(x)$ einer Fahrbahn der Klasse B nach der Norm ISO 8608: 1995(E)

Im Gegensatz zu der Methode mit der Inversen Fouriertransformation wird hier kein Linienspektrum, sondern ein (quasi-) kontinuierliches Spektrum erzeugt. Wenngleich eine aufwändigere Implementierung diesem Vorteil gegenübersteht, wird diese Methode im Folgenden zur Modellierung stochastischer Unebenheitsanregungen verwendet.

5.3.3 Überlagerung der idealen und stochastischen Fahrbahnanregung

Zur Modellbildung einer möglichst realen Waschbrettstrecke wird das Fahrbahnprofil der idealen Waschbrettstrecke mit der stochastischen Anregung überlagert, die einer Fahrbahn der Klasse B nach der Norm ISO 8608: 1995(E) entspricht. Dazu wird die Unebenheitsanregung der idealen Waschbrettstrecke und die Unebenheitsanregung der stochastischen Anregung addiert. Abbildung 5.15 zeigt sowohl die spektrale Unebenheitsdichte der idealen Waschbrettstrecke als auch die mit der stochastischen Anregung überlagerte Fahrbahn über der Wegkreisfrequenz aufgetragen. Zusätzlich ist die spektrale Unebenheitsdichte der Fahrbahnklasse B abgebildet. Beide modellierte Fahrbahnen werden für Gesamtfahrzeugsimulationen eingesetzt (vgl. Kapitel 6).

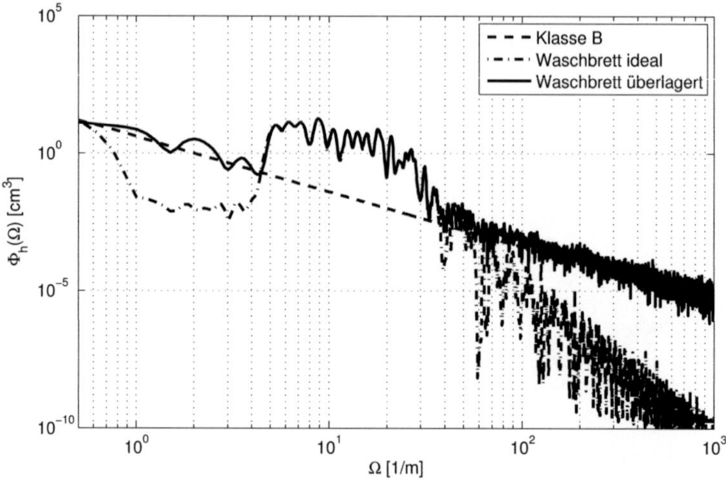

Abbildung 5.15: Spektrale Unebenheitsdichte $\Phi_h(\Omega)$ der idealen Waschbrettstrecke und der Überlagerung der idealen Waschbrettstrecke und des stochastischen Fahrbahnprofils einer Fahrbahn der Klasse B nach der Norm ISO 8608: 1995(E)

5.4 Softwaretools

In diesem Abschnitt wird ein kurzer Überblick über die eingesetzte Simulationssoftware gegeben. Neben den verwendeten Softwaretools wird der Prozesszyklus für die Sensitivitätsstudie und Parameteridentifikation eingeführt.

5.4.1 Mehrkörpersystem Software

Für die Simulation von (elastischen) Mehrkörpersystemen wird das Softwaretool ADAMS (Automatic Dynamic Analysis of Mechanical Systems) der MSC Software Corporation eingesetzt (vgl. [msc06]). Die Wurzeln dieses Programms reichen zurück auf Entwicklungen an der University of Michigan in den 1970er Jahren. Für die Gesamtfahrzeugsimulationen wird lediglich *ADAMS/Solver*, das Kernstück der ADAMS Produktfamilie, verwendet. Die Modellbeschreibung erfolgt für ADAMS/Solver im sogenannten *ADAMS/Solver Dataset* (ein ASCII-Dateiformat). ADAMS/Solver generiert aus der Modellbeschreibung ein differential algebraisches Gleichungssystem und führt zur Lösung eine numerische Integration durch.

Das ADAMS/Solver Dataset wird mit dem Preprocessor MotionView der Altair Engineering GmbH erstellt (vgl. [alt06]). Das Gesamtfahrzeug ist als Modellbibliothek in einer programmspezifischen Skriptsprache definiert. Zusätzlich ermöglicht eine grafische Benutzeroberfläche das interaktive Gestalten des Modells. Modellanpassungen und -erweiterungen, die im Rahmen dieser Arbeit ausgeführt werden, sind ebenfalls in die Modellbibliothek integriert.

5.4.2 Finite Elemente Software

Das FE-Modell der Karosserie ist im Preprocessor *Patran* der MSC Software Corporation modelliert. Als Solver wird für dieses System die Software *PERMAS* der INTES Ingenieurgesellschaft für technische Software mbH eingesetzt (vgl. [int06] oder z. B. [Hel01]). In einer Schnittstelle zu ADAMS wird mit dieser Software die Reduktion der Freiheitsgrade für die Einbindung in das Mehrkörpersystem durchgeführt.

5.4.3 Optimierungssoftware

Für die Analyse und Validierung der Fahrzeugsimulationen (vgl. Kapitel 6) wird zusätzlich zu den bereits beschriebenen Softwaretools die Optimierungssoftware *optiSLang* der DYNARDO Dynamic Software and Engineering GmbH (vgl. [dyn06]) verwendet. Mit diesem Softwaretool werden in dieser Arbeit Sensitivitätsstudien und Parameteridentifikationen durchgeführt. Das Programm ist solver-unabhängig, benötigt jedoch ein ASCII-Dateiformat für Eingabedateien. Ausführliche Eigenschaften und Funktionen werden in [Man06] beschrieben.

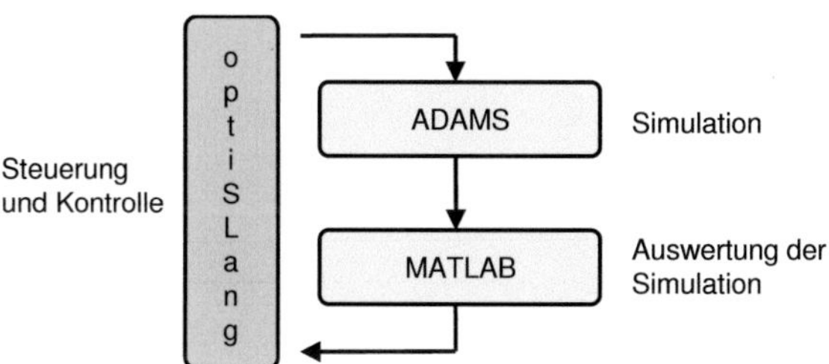

Abbildung 5.16: Prozesszyklus der Sensitivitätsstudien und Parameteridentifikationen

Der Prozesszyklus ist für Sensitivitätsstudien und Parameteridentifikationen identisch und in Abbildung 5.16 schematisch dargestellt. Das Programm optiSLang steuert und kontrolliert dabei sämtliche Vorgänge. Es startet das Solverprogramm ADAMS, das ein vordefiniertes Modell, z. B. ein Gesamtfahrzeugmodell bei der Fahrt über die Waschbrettstrecke, berechnet. Im Anschluss daran ruft optiSLang einen Auswertealgorithmus in MATLAB auf. Dieser Algorithmus wertet die Simulationsergebnisse aus und berechnet Bewertungsgrößen. Die ausgewerteten Ergebnisse werden an optiSLang zurückgegeben und weiterverarbeitet. Der ausgewählten Methode (Sensitivitätsstudie oder Parameteridentifikation) entsprechend, erstellt optiSLang neue Samples, die dann erneut von ADAMS berechnet werden.

6 Analyse und Validierung der Fahrzeugsimulationen

In diesem Kapitel werden die Simulationsergebnisse vorgestellt, die mit dem in Kapitel 5 eingeführten Fahrzeugmodell und den Softwaretools erzeugt werden. Die Simulationsergebnisse werden mit Messergebnissen aus den Fahrversuchen (vgl. Kapitel 4) verglichen und bewertet. Damit wird untersucht, wie gut Simulations- und Messergebnisse übereinstimmen und mit welcher Genauigkeit der Einsatz von Fahrzeugsimulationen zur Bestimmung der Beschleunigungen an karosseriefesten Komponenten möglich ist. Der Vergleich beschränkt sich auf Referenzstellen im Fahrzeugmodell. Entsprechende Stellen auf der Komponente werden nach der Einführung eines Komponentenmodells in Kapitel 7 betrachtet.

Interessant beim Einsatz eines Fahrzeugmodells ist die Analyse einer geeigneten Modellkomplexität. Dazu werden in diesem Kapitel einzelne Aspekte des Fahrzeugs detaillierter untersucht. Sensitivitätsstudien unterstützen bei diesen Analysen.

Nur zum Teil werden die Analysen mit dem elastischen Gesamtfahrzeugmodell durchgeführt. Der Einfluss des Reifens wird mit Hilfe des Viertelfahrzeugmodells ermittelt und zur Untersuchung der elastokinematischen Radaufhängung wird das starre Fahrzeugmodell verwendet. Der Einfluss von Reifen und Elastokinematik lassen sich gut anhand einer Referenzstelle am Radträger erläutern. Dazu ist das Viertelfahrzeugmodell und das starre Gesamtfahrzeugmodell ausreichend und deutlich effizienter in der Rechenzeit. Erst bei der genaueren Betrachtung der Karosserie, des Antriebs und der Fahrbahn wird das Gesamtfahrzeugmodell mit elastischer Karosserie eingesetzt. Die Auswertung der weiteren Referenzstellen wird dabei hinzugezogen.

Wie in Kapitel 5 werden die Ergebnisse von Simulation und Messung bei der Darstellung normiert. Beide Ergebnisse werden immer durch den höchsten Messwert der drei

Achsrichtungen und aller Abschnitte der Waschbrettstrecke einer entsprechenden Referenzstelle dividiert. Die Beschleunigungssignale in Fahrzeugquerrichtung werden hier nicht dargestellt. Die eingesetzten Fahrbahnen regen die Fahrzeugquerrichtung nicht an, so dass die Amplituden um mindestens eine Zehnerpotenz geringer sind und dadurch vernachlässigt werden können.

Die Analyse von wiederholten Versuchsfahrten zeigt, dass die Unterschiede zwischen den Messergebnisse der verschiedenen Fahrten vernachlässigbar gering sind, solange die vorgegebene Geschwindigkeit eingehalten wird. Da die Fahrbahn in Fahrzeugquerrichtung nicht variiert, ist das exakte Treffen der identischen Spur bei jeder Wiederholungsfahrt keine Voraussetzung für eine gute Reproduzierbarkeit der Versuche. Daher werden in dieser Arbeit die Messergebnisse nur von einer der durchgeführten Versuchsfahrten je Fahrbahn als Vergleichwert betrachtet.

6.1 Auswertung der Simulationsergebnisse

Zum Vergleich mit experimentellen Daten werden an den Referenzstellen im Fahrzeugmodell Absolutbeschleunigungen ausgewertet. Dabei ist zu beachten, dass diese Beschleunigungen grundsätzlich in körperfesten Koordinaten dargestellt werden müssen. Die Beschleunigungssensoren messen zwar eine Absolutbeschleunigung, geben diese jedoch im Bezugssystem des Bauteils wieder, an dem sie befestigt sind. Bei Geradeausfahrt treten an den betrachteten Messstellen nur kleine Verdrehungen auf. Im Rahmen dieser Arbeit durchgeführte Untersuchungen zeigen, dass bei den hier gezeigten Anwendungen die Unterschiede zwischen Beschleunigungssignalen, die im körperfesten Koordinaten ausgedrückt sind, und Signalen in globalen Koordinaten vernachlässigbar sind.

6.1.1 Phasenverschiebung der Messergebnisse

Um Simulationsergebnisse mit Messungen quantitativ vergleichen zu können, ist zu beachten, das die gemessenen Signale unter Umständen durch nichtideale Übertragungsglieder des Messsystems verfälscht sein können. Deshalb ist für die Analyse der Beschleunigungssignale im Zeitbereich eine detaillierte Kenntnis des Messsystems erforderlich. Idealerweise ist die Phase ϕ der Übertragungsfunktion eines Messsystems linear über der Frequenz oder frequenzunabhängig. Das ist gleichbedeutend damit, dass die Gruppenlaufzeit τ_G mit

$$\tau_G = -\frac{\mathrm{d}\phi(\omega)}{\mathrm{d}\omega} \tag{6.1}$$

über der Kreisfrequenz ω konstant sein sollte. Nur damit kann gewährleistet werden, dass verzerrungsfreie Signale aufgezeichnet werden.

Die Übertragungsfunktionen der verschiedenen Kanäle des Messsystems, das für die Fahrzeugmessungen verwendet wird, sind nicht im Detail bekannt. Umfangreiche Untersuchungen (vgl. z. B. Parameterstudien in [Hee06]) geben Hinweise darauf, dass eine frequenzabhängige Gruppenlaufzeit $\tau_G(\omega)$ nicht ausgeschlossen werden kann.

Es wird ein relativ einfaches Hochpassfilter erstellt, das ebenfalls eine für das Messsystem typische frequenzabhängige Gruppenlaufzeit besitzt. Gleichzeitig wird darauf geachtet, dass das Amplitudenspektrum im relevanten Frequenzbereich nicht verändert wird. Mit diesem Filter werden die berechneten Beschleunigungssignale gefiltert. Der zeitliche Verlauf wird dadurch signifikant beeinflusst. Das wird anhand Abbildung 6.1 deutlich, welche die Beschleunigung am Radträger in vertikaler Richtung bei der Schlagleistenüberfahrt zeigt.

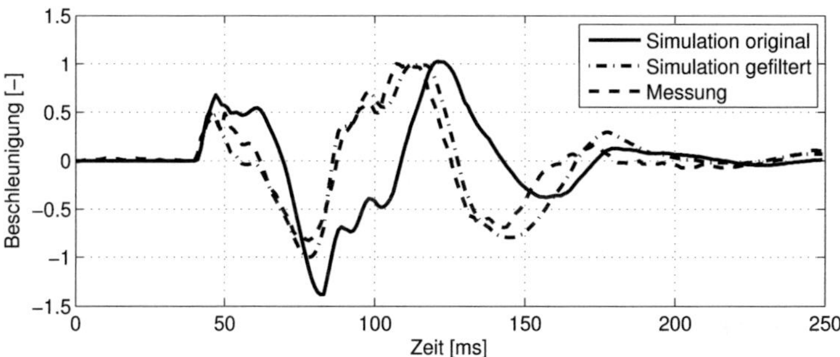

Abbildung 6.1: Zeitsignal der vertikalen Beschleunigung am Radträger vorne links bei der Schlagleistenüberfahrt, Simulation, gefilterte Simulation und Messung

Es ist sowohl das originale Simulationssignal (durchgezogene Kurve) als auch das gefilterte Simulationssignal (Strichpunktkurve) des Viertelfahrzeugmodells zusammen mit der gestrichelten Messkurve dargestellt. Es ist klar zu erkennen, dass mit dem gefilterten Signal eine deutlich bessere Übereinstimmung zur Messung erzielt werden kann. Das Amplitudenspektrum bleibt dabei unverändert. Ähnliche Erkenntnisse werden bei Simulationen auf der Waschbrettstrecke gewonnen (vgl. 6.2). Die vertikale Beschleunigung am Radträger wird in Abbildung 6.2(a) im Zeitbereich dargestellt und Abbildung 6.2(b) zeigt die Amplitudenspektren der entsprechenden Signale im Frequenzbereich von 0 bis 100 Hz. Während das gefilterte Simulationssignal im Zeitbereich wieder deutlich bessere

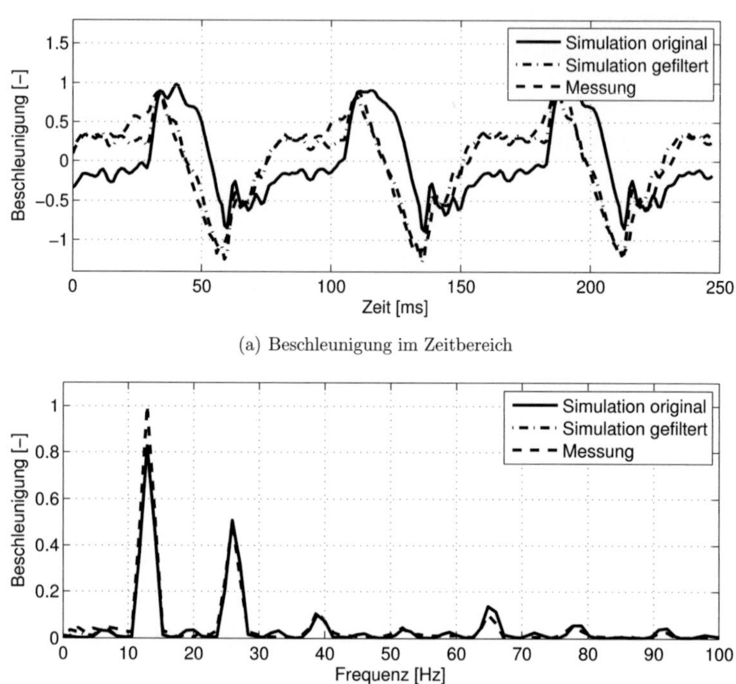

(a) Beschleunigung im Zeitbereich

(b) Amplitudenspektrum der Beschleunigung im Frequenzbereich

Abbildung 6.2: Vertikale Beschleunigung am Radträger vorne links bei der Fahrt über die Waschbrettstrecke, Simulation, gefilterte Simulation und Messung

Übereinstimmungen zur Messung aufzeigt, hat das Filter keine merklichen Auswirkungen auf das Amplitudenspektrum.

Prinzipiell besitzt jeder Kanal des Messsystems eine eigene Übertragungsfunktion und damit eine eigene Gruppenlaufzeit. Das Verhalten in vertikaler Richtung am Radträger vorne links kann hier offensichtlich gut nachempfunden werden. Damit ist jedoch noch nicht das gesamte Messsystem ausreichend beschrieben. Detaillierte Informationen über die Eigenschaften des Messsystems stehen nicht zur Verfügung und eine umfangreiche Analyse des Systems ist sehr aufwändig. Die Auswertung der Amplitudenspektren ist weitaus bedeutender für die Validierung, weshalb auf die Verwendung der Signale im Zeitbereich verzichtet werden soll.

6.1.2 Bewertungsgrößen

Zur Bewertung der Übereinstimmung zwischen Simulation und Messung ist die Wahl geeigneter Bewertungsgrößen sinnvoll. Für eine Sensitivitätsstudie oder Parameteridentifikation sind diese Größen sogar zwingend erforderlich. Nur damit kann der Einfluss von Eingangsparametern auf bestimmte Eigenschaften des Systems bestimmt werden. Durch Bewertungsgrößen wird bei einer Parameteridentifikation festgelegt, wie gut ein Modelldesign im Vergleich zu anderen ist.

Der visuelle Vergleich von Zeitsignalen gibt einen guten Eindruck über die Übereinstimmung von Simulation und Messung. Zeitsignale lassen sich jedoch nur mit großem Aufwand automatisiert direkt vergleichen, da leichte Geschwindigkeitsschwankungen zeitliche Verschiebungen verursachen. Neben der Phasenverschiebung ist das ein weiterer Grund, weshalb eine Bewertung der Zeitsignale nicht durchgeführt wird.

Im Folgenden werden die in dieser Arbeit verwendeten Bewertungsgrößen im Frequenzbereich für die Schlagleiste und die Waschbrettstrecke vorgestellt.

6.1.2.1 Bewertungsgrößen Schlagleiste

Die Amplitudenspektren der Zeitsignale werden mit einer *diskreten Fourier-Transformation (DFT)* berechnet. Um Leakage-Effekte zu vermeiden, wird der zu betrachtende Ausschnitt mit einem *Hanning-Fenster* gewichtet. Einen guten Überblick über die Eigenschaften verschiedener Fensterfunkionen gibt [Har78].

Die Bewertungsgröße für die Schlagleistenversuche

$$b_{\mathrm{S}} = \frac{\sum\limits_{i=1}^{n} |s(i) - m(i)|}{\sum\limits_{i=1}^{n} |m(i)|} \tag{6.2}$$

ist die Betragssummennorm (vgl. [BSMM01]) der Differenz zwischen Simulation und Messung. Dafür wird für jede diskrete Frequenz $f(i)$ die Differenz zwischen dem Wert im Amplitudenspektrum von Simulation $s(i)$ und Messung $m(i)$ gebildet. Von diesen Differenzen wird der Betrag genommen, der wiederum über der Frequenz aufsummiert wird. Dieser Wert wird durch den Betrag der Messwerte geteilt, die ebenfalls summiert sind. Abhängig von der Abtastrate der Zeitsignale kann dabei eine maximale Grenzfrequenz $f(n)$ gewählt werden. In dieser Arbeit werden die Amplitudenspektren bis 100 Hz ausgewertet.

Für kleine Werte von b_S gibt es eine gute Übereinstimmung von Simulation und Messung. Ein Wert von $b_S \approx 1$ zeigt eine schlechte Übereinstimmung an, wobei für $s(i) = 0$ für $i = 1$ bis n genau $b_S = 1$ auftritt. Für starke Abweichungen zwischen Simulation und Messung kann die Bewertungsgröße b_S auch größere Werte als 1 annehmen.

Anhand von Abbildung 6.3 wird die Berechnung der Bewertungsgröße noch etwas deutlicher. Sie zeigt das Amplitudenspektrum der in Abbildung 6.1 gezeigten Signale über der

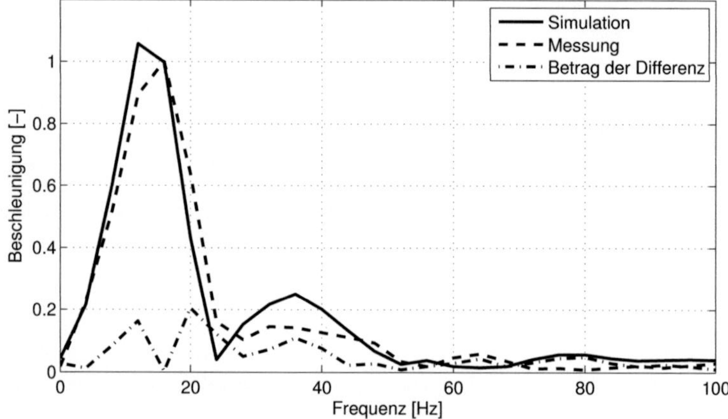

Abbildung 6.3: Amplitudenspektrum der vertikalen Beschleunigung am Radträger vorne links bei der Schlagleistenüberfahrt, Messung, Simulation und Betrag der Differenz von Simulation und Messung

Frequenz aufgetragen. Die Simulation ist mit einer durchgezogenen Kurve gekennzeichnet, die gestrichelte Kurve stellt die Messung dar. Die Strichpunktkurve repräsentiert den Betrag der Differenz von Simulation und Messung, der entsprechend aufsummiert und normiert wird.

Für den Vergleich zweier Simulationen bzw. zweier Messungen lässt sich die Bewertungsgröße ebenfalls entsprechend einsetzen.

6.1.2.2 Bewertungsgrößen Waschbrettstrecke

Wie in den Kapiteln 4 und 5 bereits eingeführt, ist die Waschbrettstrecke in sechs Abschnitte unterteilt. Für jeden Abschnitt getrennt werden mit einer DFT die Amplitudenspektren berechnet. Die Abschnitte sind in Abbildung 6.4 entsprechend markiert. Die

Abbildung zeigt die Beschleunigung am Radträger vorne links in vertikaler Richtung über der Zeit aufgetragen.

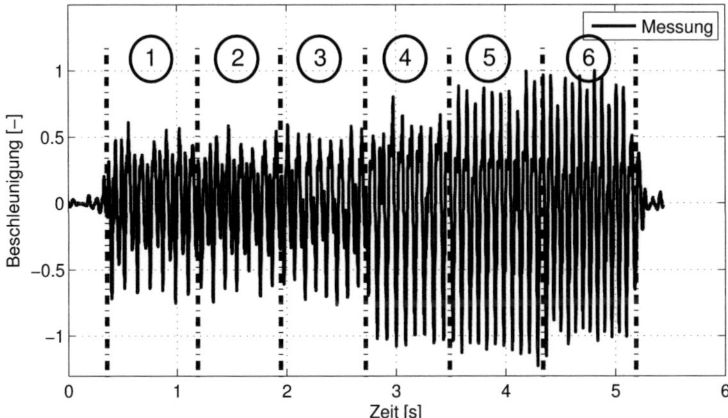

Abbildung 6.4: Zeitsignal der vertikalen Beschleunigung am Radträger vorne links bei der Fahrt über die sechs Abschnitte der Waschbrettstrecke

Die Aufteilung der Waschbrettstrecke wird bei der Definition der Bewertungsgröße

$$b_{\mathrm{W}} = \frac{\displaystyle\sum_{j=1}^{6}\sum_{i=1}^{n^{(j)}} \Delta f^{(j)} \left| s^{(j)}(i) - m^{(j)}(i) \right|}{\displaystyle\sum_{j=1}^{6}\sum_{i=1}^{n^{(j)}} \Delta f^{(j)} \left| m^{(j)}(i) \right|}. \tag{6.3}$$

berücksichtigt, die eine Erweiterung der Bewertungsgröße b_{S} darstellt. Die Weglängen der Abschnitte sind nicht identisch. Damit ist die Zeitdauer bei der Überfahrt für die einzelnen Abschnitte bei konstanter Geschwindigkeit ebenfalls unterschiedlich. Für jeden Abschnitt j ergibt sich dadurch eine unterschiedliche Anzahl an Stützstellen für die DFT und jeder Abschnitt erhält eine unterschiedliche Frequenzauflösung $\Delta f^{(j)}$ im Amplitudenspektrum. Um für alle Abschnitte die gleiche maximale Frequenz $f(n^j) = 100$ wählen zu können und damit Abschnitte mit feinerer Auflösung und somit mehr Stützstellen nicht stärker gewichtet werden, wird die Frequenzauflösung in der Bewertungsgröße ebenfalls berücksichtigt.

6.2 Reifen

Wie zu Beginn des Kapitels erwähnt, wird für die Untersuchung des Reifens und der Reifenmodelle das Viertelfahrzeugmodell (vgl. Abschnitt 5.1.3) eingesetzt. Es werden hier exemplarisch die Auswertungen an der Vorderachse gezeigt. Die Untersuchungen lassen sich entsprechend auf die Hinterachse übertragen.

6.2.1 Reifen bei der Schlagleistenüberfahrt

In Abbildung 6.5 werden die Amplitudenspektren der Beschleunigung von Simulation und Messung am Radträger bei der Fahrt über eine Schlagleiste dargestellt. Es werden

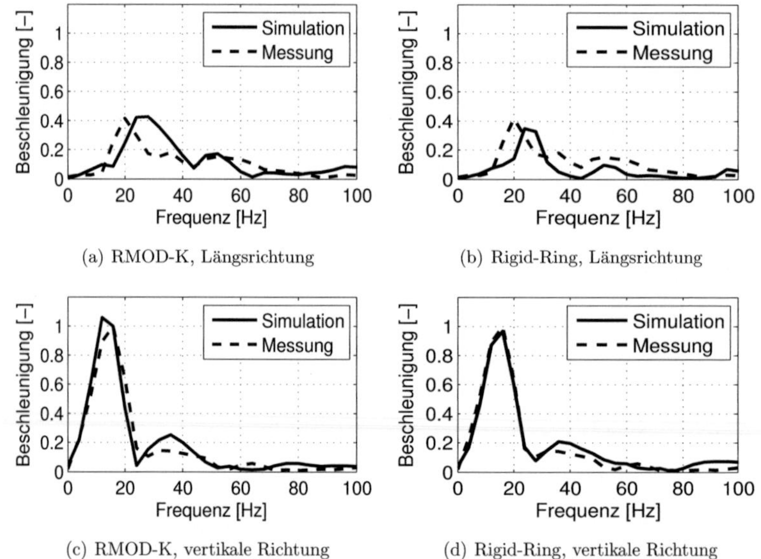

Abbildung 6.5: Amplitudenspektren der Beschleunigung mit den Reifenmodellen RMOD-K und Rigid-Ring, Simulation und Messung, Schlagleiste Breite 30 mm und Höhe 20 mm, 20 km/h

in longitudinaler und vertikaler Richtung die Simulationsergebnisse sowohl mit dem Reifenmodell RMOD-K (Abbildungen 6.5(a) und 6.5(c)) als auch mit dem Reifenmodell Rigid-Ring (Abbildungen 6.5(b) und 6.5(d)) gezeigt.

Beide Reifenmodelle erzielen in vertikaler Richtung sehr gute Übereinstimmungen mit Werten der Bewertungsgröße $b_S = 0,20$ für das Reifenmodell Rigid-Ring und $b_S = 0,29$ für RMOD-K. Die Übereinstimmung in Längsrichtung ist etwas schlechter als in vertikaler Richtung ($b_S = 0,59$ für beide Modelle). Wie zu erwarten, sind die Ergebnisse beim visuellen Vergleich für das Reifenmodell RMOD-K jedoch etwas besser. Die Amplituden sind mit dem Modell Rigid-Ring etwas zu gering. Diese Beobachtung deckt sich mit den Einschränkungen, die für dieses Reifenmodell in Längsrichtung gelten (vgl. Abschnitt 5.2). Mit dem Reifenmodell RMOD-K stimmen die Amplituden relativ gut, jedoch ist die Frequenz des ersten Peaks mit 25 Hz etwas zu hoch. Bei dieser Frequenz liegt bei belastetem Reifen eine Schwingungsmode der Radaufhängung, die hohe Anteile in Längsrichtung besitzt. Unterschiede sind zum einen auf Abweichungen in den Steifigkeiten der Fahrwerklager zurückzuführen, zum anderen spielt die reduzierte Masse des Aufbaus aufgrund der Vereinfachung als Viertelfahrzeugmodell eine Rolle. Die Masse des Aufbaus ist nur anteilig entsprechend der statischen vertikalen Radlast berücksichtigt, welche für die Längsrichtung zu gering ist.

6.2.2 Reifen bei der Fahrt über die Waschbrettstrecke

Vergleicht man Simulationen der verschiedenen Reifenmodelle bei der Fahrt über die Waschbrettstrecke, lässt sich ein deutlicher Unterschied zwischen den Reifenmodellen RMOD-K und Rigid-Ring beobachten. Abbildung 6.6 zeigt die Amplitudenspektren der Beschleunigung von Simulation und Messung am Radträger des Viertelfahrzeugmodells im 5. Abschnitt der Waschbrettstrecke. In diesem Abschnitt tritt in der Messung am Radträger die größte Amplitude auf.

Die Simulationsergebnisse der beiden Reifenmodelle sind in longitudinaler und vertikaler Richtung aufgetragen. Die Werte der Bewertungsgrößen b_W sind für beide Reifenmodelle sehr ähnlich. In vertikaler Richtung können relativ gute Übereinstimmungen erzielt werden mit jeweils $b_W \approx 0,5$. In Längsrichtung sind die Übereinstimmungen wieder schlechter, was bei fast gleichen Bewertungsgrößen ($b_W \approx 0,8$) sehr unterschiedliche Gründe hat. Mit dem Reifenmodell RMOD-K werden die Frequenzen der Peaks sehr gut getroffen, jedoch ist die Amplitude jeweils zu hoch. Diese Unterschiede lassen sich im Wesentlichen durch Abweichungen in den Fahrwerklagern, aber auch durch die Vereinfachungen des Viertelfahrzeugmodells erklären. Die Ergebnisse des Reifenmodells Rigid-Ring sind nicht zufriedenstellend. Obwohl die Simulationen einen ähnlichen Wert für die Bewertungsgröße erzielen, bildet dieses Reifenmodell die physikalischen Vorgänge nur unzureichend ab. Bei der gewählten Geschwindigkeit hebt das Rad im Versuch bei

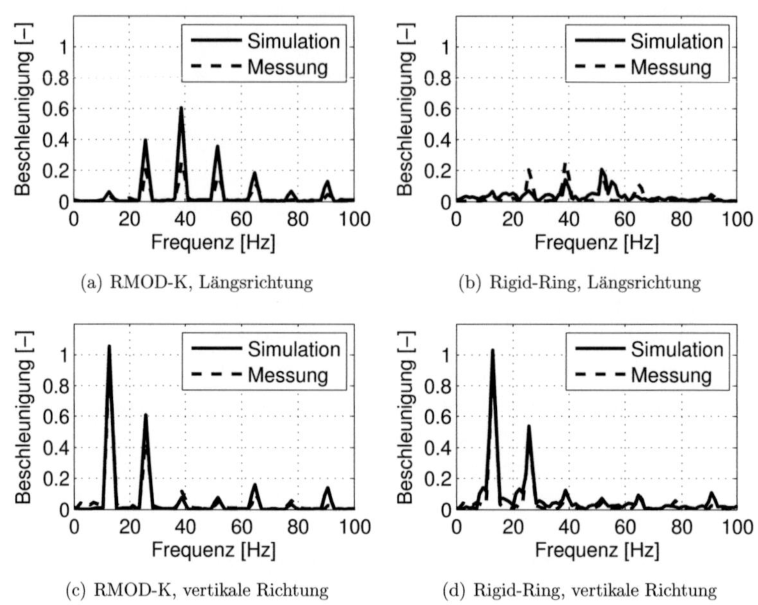

(a) RMOD-K, Längsrichtung

(b) Rigid-Ring, Längsrichtung

(c) RMOD-K, vertikale Richtung

(d) Rigid-Ring, vertikale Richtung

Abbildung 6.6: Amplitudenspektren der Beschleunigung am Radträger des
Viertelfahrzeugmodells bei der Fahrt über die Waschbrettstrecke (5. Abschnitt)
mit den Reifenmodellen RMOD-K und Rigid-Ring, Simulation und Messung

der Überfahrt einer jeden Schwelle ab. Die Schwingungsmoden der Radaufhängung, die
für die Längsschwingungen am Radträger relevant sind, sind bei aufgesetztem Rad an-
ders als bei frei schwebendem bzw. springendem Rad. Die Steifigkeit der Längsfeder
im Reifenkontakt des Reifenmodells Rigid-Ring ist auf die Schwingungen des aufgesetz-
ten Rades angepasst und kann beim Abheben des Rades nicht deaktiviert werden. Das
Reifenmodell RMOD-K dagegen kann diese nichtlinearen Vorgänge gut abbilden.

Es gibt eine Vielzahl an Parametern, die das Reifenmodell RMOD-K charakterisieren. Es
ist interessant, die Parameter zu kennen, die für die Fahrt über eine Waschbrettstrecke
eine wichtige Rolle spielen. Sind diese Parameter bekannt und an den entsprechenden
Reifen angepasst, lassen sich gute Übereinstimmungen erwarten. Wird das Verhalten
eines Reifens mit einem vorliegenden Parametersatz nicht gut abgebildet, bieten diese Parameter eine effektive Möglichkeit, nachträgliche Anpassungen vorzunehmen. Zur
Bestimmung der einflussreichen Parameter wird eine Sensitivitätsstudie durchgeführt.
In dieser Arbeit ist weniger die genaue Kenntnis von Interesse, welche Parameter des

Reifenmodells RMOD-K welche Auswirkungen haben. Es wird vielmehr das Ziel verfolgt, eine Methode zu entwickeln und einzusetzen, die sich sehr einfach auch auf andere Modelle übertragen lässt.

Die linearen Korrelationen bei einer Sensitivitätsstudie lassen sich in einer linearen Korrelationsmatrix anordnen, die in Abschnitt 3.3.2 eingeführt wird. Abbildung 6.7 zeigt die Darstellung, die bei optiSLang zur Illustration dieser Matrix verwendet wird.

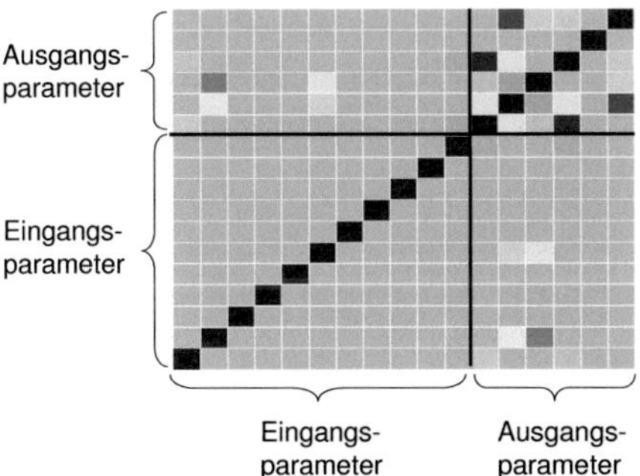

Abbildung 6.7: Korrelationsmatrix einer Sensitivitätsstudie mit Parametern des Reifenmodells RMOD-K bei der Fahrt über die Waschbrettstrecke

Auf beiden Achsen sind sowohl die Eingangsparameter als auch die Ausgangsparameter aufgetragen. Die Korrelationen sind damit symmetrisch angeordnet. Besonders interessant ist der Ausschnitt, in dem die Ausgangsparameter über die Eingangsparameter aufgetragen sind, um entsprechende lineare Abhängigkeiten zu erkennen. Daher wird in Abbildung 6.8 dieser Ausschnitt vergrößert betrachtet.

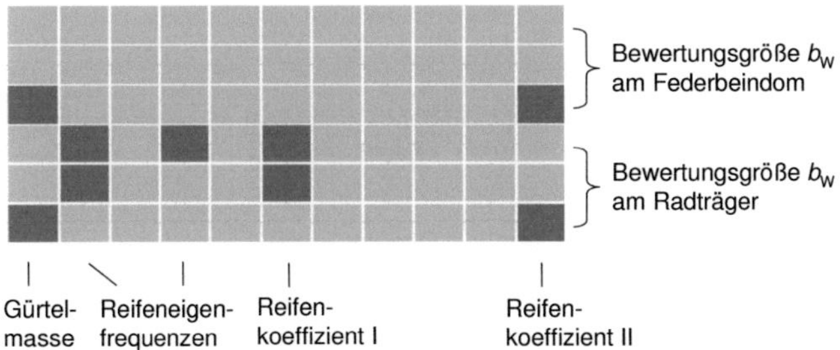

Abbildung 6.8: Ausschnitt aus Abbildung 6.7: Korrelationsmatrix der Sensitivitätsstudie mit Parametern des Reifenmodells RMOD-K bei der Fahrt über die Waschbrettstrecke

Wie in Abbildung 6.7 zu erkennen, werden standardmäßig für verschieden starke Korrelationen unterschiedliche Grautöne eingesetzt. Auf eine Grauabstufung wird in Abbildung 6.8 verzichtet und es werden zur Vereinfachung der Darstellung nur zwei Farbtöne eingesetzt. Sobald der Betrag der linearen Korrelation $|\rho|$ den als Grenzwert gewählten Wert $\rho_0 = 0,25$ überschreitet, ist der entsprechende Bereich dunkel markiert. Helle Bereiche zeigen keine bzw. geringere lineare Korrelationen an. Als Eingangsparameter wird hier nur eine Vorauswahl aller Parameter des Reifenmodells RMOD-K verwendet. Fünf Parameter werden mit dieser Sensitivitätsstudie als besonders einflussreich charakterisiert. Drei davon werden für eine Parameteridentifikation in Abschnitt 6.7 weiterverwendet.

Für das Verständnis der Schwingungseffekte des Reifens bei der Fahrt über die Waschbrettstrecke ist eine Sensitivitätsstudie des Reifenmodells Rigid-Ring sehr aufschlussreich. Abbildung 6.9 zeigt den Ausschnitt der Korrelationsmatrix dieser Sensitivitätsstudie.

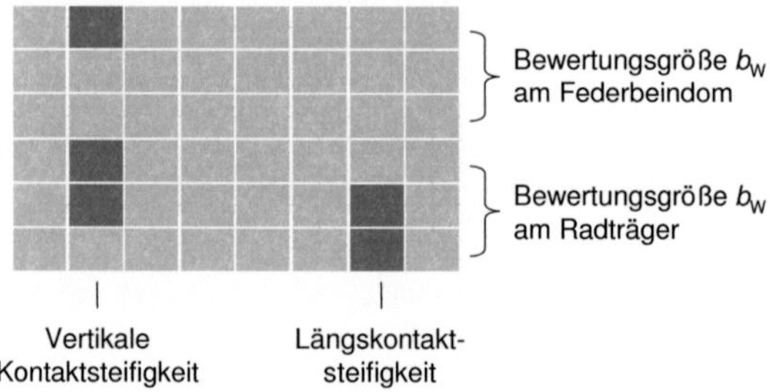

Abbildung 6.9: Ausschnitt aus der Korrelationsmatrix einer Sensitivitätsstudie mit Parametern des Reifenmodells Rigid-Ring bei der Fahrt über die Waschbrettstrecke

Auffällig ist, dass mit dem gleichen Grenzwert von $\rho_0 = 0,25$ nur die beiden Kontaktsteifigkeiten eine große lineare Korrelation mit den Ausgangsgrößen besitzen. In Abschnitt 5.2 wird gezeigt, dass sowohl die Abbildung der Reifendynamik als auch das Enveloping Behavior bei einer Schlagleiste im Reifenprüfstand wichtig sind (vgl. Abbildung 5.8). Hingegen lässt sich aus den Ergebnissen der Sensitivitätsstudie zumindest für die Reifendynamik ableiten, dass sie bei der Fahrt über die Waschbrettstrecke nur eine untergeordnete Rolle spielt. Diese Vermutung lässt sich durch gezielte Simulationen bestätigen, die in Abbildung 6.10 dargestellt sind.

In den Abbildungen 6.10(a) und 6.10(b) sind für den 5. bzw. 6. Abschnitt der Waschbrettstrecke jeweils zwei Simulationen als Amplitudenspektren der vertikalen Beschleunigung

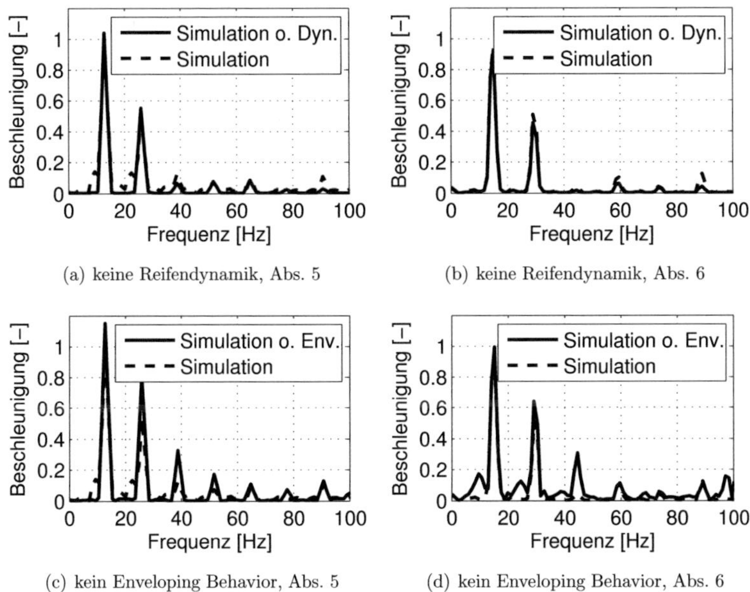

(a) keine Reifendynamik, Abs. 5   (b) keine Reifendynamik, Abs. 6

(c) kein Enveloping Behavior, Abs. 5   (d) kein Enveloping Behavior, Abs. 6

Abbildung 6.10: Amplitudenspektren der vertikalen Beschleunigung am Radträger des Viertelfahrzeugmodells bei der Fahrt über die Waschbrettstrecke mit dem Reifenmodell Rigid-Ring, nur Simulation

am Radträger aufgetragen. Die durchgezogene Kurve zeigt eine Simulation, bei der die Felge und der Reifengürtel starr gekoppelt sind und dadurch keine Reifendynamik abgebildet werden kann. Die vertikale Kontaktsteifigkeit wird dabei so angepasst, dass die statische Steifigkeit des Reifens gleich bleibt. Die gestrichelte Kurve entspricht dem Modell Rigid-Ring, wie es bereits eingeführt ist. Bei dem hier betrachteten Frequenzbereich sind die beiden Kurven fast identisch. Das zeigt auch der geringe Wert der Bewertungsgröße zwischen den beiden Simulationen mit $b_{W_{sim}} = 0,24$. Die vertikale Eigenfrequenz des Reifens liegt bei dieser Anwendung bei ca. 90 Hz und ist mit einem kleinen Peak in Abbildung 6.10 zu erkennen. Aufgrund der dominanten Anregung im unteren Frequenzbereich hat diese Schwingung jedoch keine große Auswirkung auf das Gesamtverhalten des Rades.

Der Einfluss des Enveloping Behavior lässt sich in den Abbildungen 6.10(c) und 6.10(d) erkennen. Hier ist mit einer durchgezogenen Kurve die Simulation mit dem Originalprofil der Fahrbahn abgebildet und für die gestrichelte Kurve wird die effektive Fahrbahn eingesetzt. Die Amplituden der beiden Kurven sind nicht identisch, was sich auch in der Bewertungsgröße, die mit den beiden Simulationen gebildet wird, mit $b_{W_{sim}} = 0,49$ widerspiegelt.

In [Sch04] wird der Unterschied zwischen dem Originalprofil und der effektiven Fahrbahn für verschiedene Wellenlängen einer sinusförmigen Schwelle aufgezeigt. Dabei wird deutlich, dass bei größer werdender Wellenlänge der Unterschied immer geringer wird. Bei einer Wellenlänge der hier verwendeten Waschbrettschwellen wird der Einsatz einer effektiven Fahrbahn empfohlen, was sich mit den vorgestellten Ergebnissen deckt.

Zusammenfassend lässt sich sagen, dass für die Abbildung der vertikalen Beschleunigung das Reifenmodell Rigid-Ring gut geeignet ist. Während die Dynamik des Reifens nur eine untergeordnete Rolle spielt und vernachlässigt werden kann, ist die Verwendung einer effektiven Fahrbahn zu empfehlen. Für gute Übereinstimmungen in vertikaler Richtung muss die vertikale Kontaktsteifigkeit mit der statischen Steifigkeit des Reifens abgeglichen sein. Die Abbildungsqualität der Längsdynamik ist mit dem Reifenmodell Rigid-Ring auf den untersuchten Fahrbahnen nicht ausreichend. Deshalb wird in den folgenden Abschnitten nur noch das Reifenmodell RMOD-K verwendet, das auch in Längsrichtung gute Übereinstimmungen erzielt. Beim Reifenmodell RMOD-K lassen sich die einzelnen Parameter nicht direkt physikalischen Effekten zuordnen. Sensitivitätsstudien sind geeignete Analysemethoden, um die einflussreichsten Parameter des Reifenmodells zu bestimmen.

6.3 Elastokinematische Radaufhängung

Die Wichtigkeit der Elastokinematik in der Radaufhängung wird bereits im vorhergehenden Abschnitt bei der Untersuchung der Reifenmodelle angedeutet. In diesem Abschnitt wird auf den Einfluss der Elastokinematik explizit eingegangen. Dazu wird mit einem starren Gesamtfahrzeugmodell ein Vergleich verschiedener Radaufhängungen durchgeführt. Auch hier bleibt der Fokus auf die Vorderachse beschränkt. Die hier gezeigten Untersuchungen lassen sich jedoch leicht auf die Hinterachse übertragen. Zunächst wird eine kinematische Radaufhängung betrachtet. Lediglich das Elastomerlager 1 (vgl. Abbildung 5.3) ist elastisch ausgeführt. Die restlichen Elastomerlager sind als ideale Gelenke realisiert. Als Vergleich dient die elastokinematische Radaufhängung, die alle Fahrwerklager als elastische Elemente berücksichtigt. Als Fahrbahn wird die Waschbrettstrecke gewählt, für die der Einfluss der Elastokinematik am deutlichsten wird. Während die vertikale Richtung am Radträger kaum beeinflusst wird, zeigt Abbildung 6.11, dass in Längsrichtung gravierende Unterschiede auftreten.

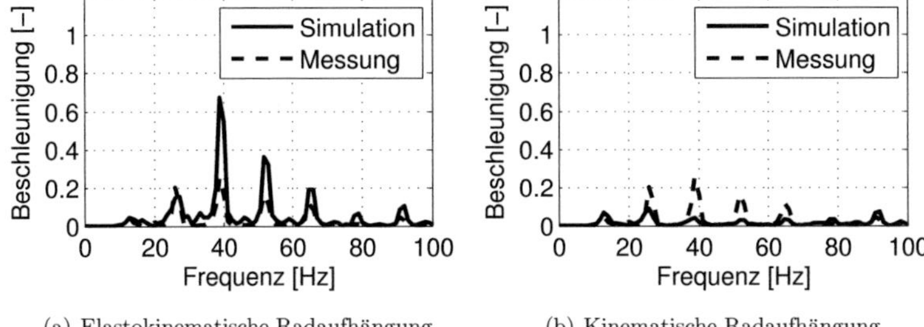

(a) Elastokinematische Radaufhängung   (b) Kinematische Radaufhängung

Abbildung 6.11: Amplitudenspektren der Längsbeschleunigung am Radträger des Viertelfahrzeugmodells bei der Fahrt über die Waschbrettstrecke (5. Abschnitt), Messung und Simulation

In Abbildung 6.11(a) ist das Amplitudenspektrum der Simulation mit elastokinematischer Radaufhängung dem der Messung gegenübergestellt. Ähnlich wie in Abbildung 6.6(a) sind die Amplituden in Längsrichtung etwas zu hoch. Eine mögliche Erklärung sind Abweichungen in den Parametern der Fahrwerklager. Eine Verbesserung ist durch die Verwendung detaillierter, dynamischer Elastomermodelle zu erwarten, die in ihrer Abbildungsgenauigkeit den hier verwendeten Kennlinienmodellen überlegen sind. Außerdem führt das starre Karosseriemodell zu höheren Amplituden am Radträger als eine flexible Modellierung. Die wesentlichen Schwingungseffekte können jedoch mit der elastokinematischen Radaufhängung gut abgebildet werden.

In Abbildung 6.11(b) werden die Simulationsergebnisse des Modells mit idealen Gelenken gezeigt. Es ist deutlich zu beobachten, dass die Amplitude bei den Peaks zwischen 20 Hz und 80 Hz um ein Vielfaches zu gering ist. Durch eine detaillierte Analyse der Schwingungsmoden lässt sich diese Beobachtung erklären. In diesem Frequenzbereich liegen Eigenfrequenzen der Radaufhängung. Diese Schwingungen werden nur durch die elastischen Fahrwerklager ermöglicht. Um die Längsdynamik des Rades und des Fahrzeugs richtig abbilden zu können, ist es daher notwendig, elastische Fahrwerklager einzusetzen.

Welchen Einfluss die einzelnen Fahrwerklager von Vorder- und Hinterachse auf die verschiedenen Ausgangsgrößen besitzen, wird in [Hee06] detailliert untersucht. Aufgrund der konstruktiven Ausführung ist es einleuchtend, dass das Elastomerlager 4 (vgl. Abbildung 5.3) einen großen Einfluss auf die Beschleunigungen des Radträgers in Längsrichtung aufweist. Zwei Parameter dieses Fahrwerklagers werden für eine Parameteridentifikation in Abschnitt 6.7 wieder aufgegriffen.

6.4 Karosserie

Die Zahl der Freiheitsgrade des Fahrzeugmodells steigt mit der elastischen Karosserie um ein Vielfaches gegenüber dem als starr modellierten Fahrzeug an. Dementsprechend erhöht sich die Rechenzeit für das elastische Modell. Es ist daher eine wichtige Frage, ob die komplexere Modellierung für diese Anwendung in dem betrachteten Frequenzbereich notwendig ist.

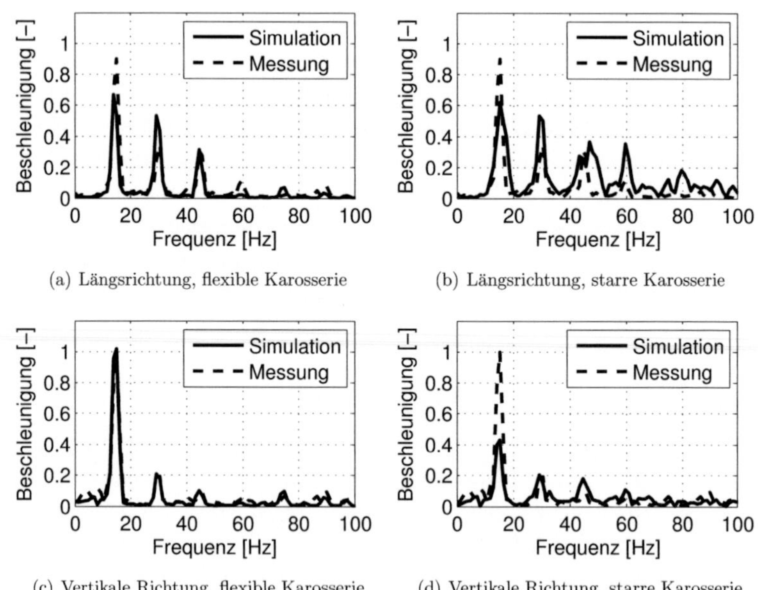

(a) Längsrichtung, flexible Karosserie   (b) Längsrichtung, starre Karosserie

(c) Vertikale Richtung, flexible Karosserie   (d) Vertikale Richtung, starre Karosserie

Abbildung 6.12: Amplitudenspektren der Beschleunigung am Federbeindom des Gesamtfahrzeugmodells bei der Fahrt über die Waschbrettstrecke (6. Abschnitt), Simulation und Messung

Dazu werden Gesamtfahrzeugsimulationen mit starrer und flexibler Karosserie an zwei Referenzstellen untersucht. Als Fahrbahn wird die Waschbrettstrecke gewählt, da sie für die Erprobung der Komponenten relevant ist. In Abbildung 6.12 sind die Amplitudenspektren am Federbeindom vorne links in longitudinaler und vertikaler Richtung dargestellt.

Auf der linken Seite (Abbildungen 6.12(a) und 6.12(c)) werden die Simulationsergebnisse mit flexibler Karosserie den Messergebnissen gegenübergestellt, auf der rechten Seite sind die Simulationen mit starrer Karosserie zusammen mit den Messungen abgebildet. Diesmal werden die Amplitudenspektren des 6. Abschnitts der Waschbrettstrecke gezeigt, da in diesem Abschnitt die höchsten Amplituden in der Messung auftreten. Es ist zu beobachten, dass die Amplituden in Längsrichtung bei der starren Karosserie deutlich höher sind als bei der elastischen. Diese Unterschiede im Gegensatz zur elastischen Karosserie sind auf die flexible Anbindung der Radaufhängung und die modale Dämpfung der elastischen Struktur zurückzuführen. In vertikaler Richtung sind die Amplituden bei der elastischen Karosserie höher als bei der starren. Das lässt sich eindeutig durch eine Eigenfrequenz der Karosserie erklären. Die Eigenfrequenzen des freien fully trimmed body lassen sich nicht dieser Frequenz zuordnen. Lineare Eigenwertanalysen des Gesamtfahrzeugs mit elastischer Karosserie zeigen jedoch, dass im eingebauten Zustand bei dieser Frequenz eine Eigenschwingung auftritt. Mit der entsprechenden Anregung geht das Fahrzeug daher bei dieser Frequenz in Resonanz.

An der zweiten Referenzstelle lassen sich die gleichen Beobachtungen machen. Abbildung 6.13 zeigt die Amplitudenspektren an der Anbaustelle des Hydroaggregats. Wieder ist die longitudinale und vertikale Richtung für die starre und elastische Karosserie dargestellt. Die Unterschiede zwischen den beiden Modellen sind hier noch deutlicher erkennbar. Ein wichtiger Parameter für die Einbindung einer elastischen Struktur in ein MKS-Modell ist die modale Dämpfung. In den dargestellten Simulationen wird ein Wert für die modale Dämpfung verwendet, der über der Frequenz variiert wird und der an die experimentelle Modalanalyse der Karosserie angepasst ist (vgl. Abschnitt 5.1.2). Abbildung 6.14 zeigt Simulationen mit den konstanten Grenzwerten von 0 % und 100 % modaler Dämpfung. Beide Grenzwerte treten in der Realität nicht auf. Sie machen aber deutlich, welchen Einfluss die modale Dämpfung haben kann. Während bei 0 % modaler Dämpfung vor allem ab 20 Hz um ein Vielfaches zu hohe Amplituden auftreten, sind die Amplituden, wie zu erwarten, bei 100 % modaler Dämpfung über den gesamten Frequenzbereich zu gering. Beim Vergleich der beiden Abbildungen 6.14(a) und 6.14(b) ist bei der höchsten Amplitude (ca. 16 Hz) ein großer Unterschied erkennbar. Das bekräftigt die Aussage, dass dieser Peak einer Eigenschwingung der Karosserie zuzuordnen ist.

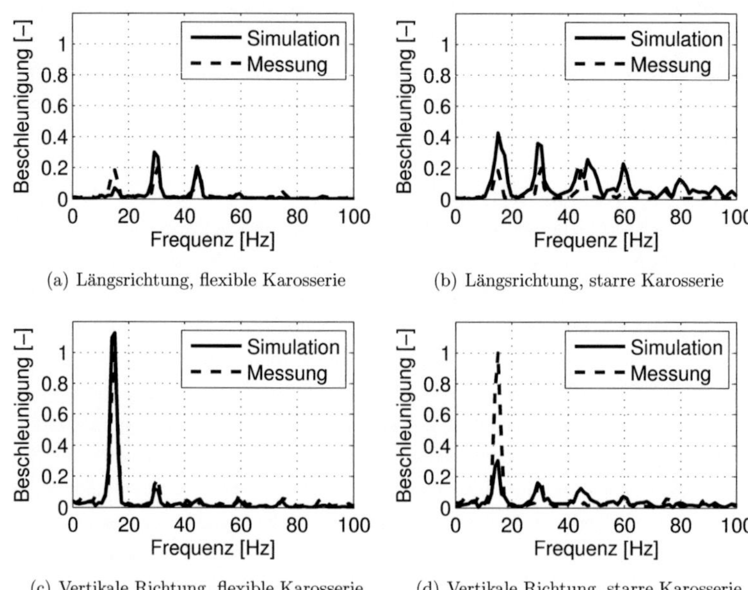

(a) Längsrichtung, flexible Karosserie

(b) Längsrichtung, starre Karosserie

(c) Vertikale Richtung, flexible Karosserie

(d) Vertikale Richtung, starre Karosserie

Abbildung 6.13: Amplitudenspektren der Beschleunigung an der Anbaustelle des Hydroaggregats des Gesamtfahrzeugmodells bei der Fahrt über die Waschbrettstrecke (6. Abschnitt), Simulation mit verschiedenen Karosseriemodellen und Messung

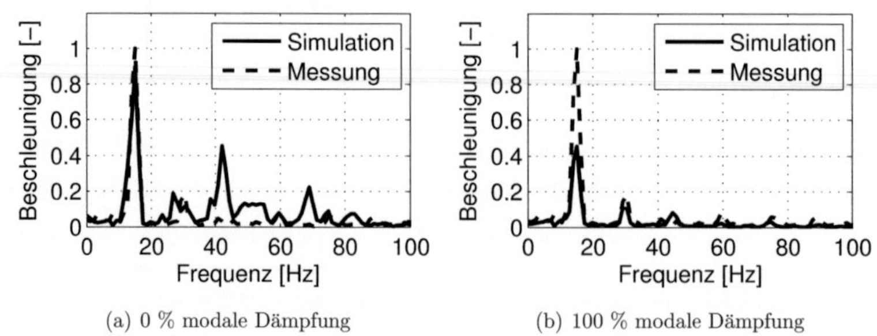

(a) 0 % modale Dämpfung

(b) 100 % modale Dämpfung

Abbildung 6.14: Amplitudenspektren der vertikalen Beschleunigung an der Anbaustelle des Hydroaggregats des Gesamtfahrzeugmodells bei der Fahrt über die Waschbrettstrecke (6. Abschnitt), Simulation mit verschiedener modaler Dämpfung und Messung

Abschließend gibt Tabelle 6.1 eine kurze Übersicht der Bewertungsgrößen b_W, jeweils für die starre und elastische Karosserie an den beiden Referenzstellen. Der Vergleich

Tabelle 6.1: Bewertungsgrößen b_W für die elastische und die starre Karosserie am Federbeindom vorne links und an der Anbaustelle des ESP-Hydroaggregats

	starre Karosserie	elastische Karosserie
b_W Federbeindom Längsrichtung	0,70	0,48
b_W Federbeindom vertikale Richtung	0,54	0,48
b_W Anbaustelle ESP Längsrichtung	0,96	0,54
b_W Anbaustelle ESP vertikale Richtung	0,88	0,49

der Werte macht anschaulich, dass bei der Verwendung einer elastischen Karosserie eine bessere Abbildungsgenauigkeit erzielt wird. Auch wenn das Vielfache an Rechenzeit zu erwarten ist und die Modellierung und Validierung äußerst aufwändig ist, sollte bei der hier gezeigten Anwendung eine elastische Struktur eingesetzt werden.

6.5 Antrieb des Fahrzeugs

Die Fahrzeugräder besitzen einen rotatorischen Freiheitsgrad, der über den Kontakt von Reifen und Fahrbahn mit der Längsbewegung des Rades gekoppelt ist. Die Massenträgheitsmomente der Räder – und bei den Hinterrädern zusätzlich das Massenträgheitsmoment des Motors und des Antriebsstrangs – haben dadurch einen Einfluss auf die Längsschwingungen des Fahrzeugs. Die Trägheitsmomente des Motors und des Antriebsstrangs sind für das Versuchsfahrzeug nicht exakt bekannt und werden hier mit typischen Werten abgeschätzt. Der eingelegte Gang des Getriebes ist aus dem Versuch ebenfalls nicht bekannt und wird gemäß der gefahrenen Geschwindigkeit angenommen. Die Übersetzung des Getriebes und des Differenzials sind bei der Berechnung eines auf die Winkelgeschwindigkeit der Räder reduzierten Ersatzträgheitsmoments entsprechend berücksichtigt.

Abbildung 6.15 macht anschaulich, welche Auswirkungen das Massenträgheitsmoment auf die Längsdynamik des Fahrzeugs hat.

Dargestellt sind die Amplitudenspektren der longitudinalen Beschleunigung an der Anbaustelle des ESP-Hydroaggregats im 5. Abschnitt der Waschbrettstrecke. In diesem Abschnitt wird der Effekt besonders deutlich

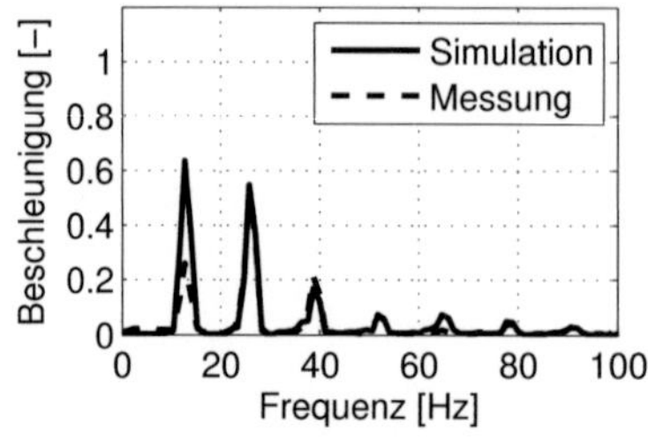

(a) Ohne Trägheitsmoment Antriebsstrang

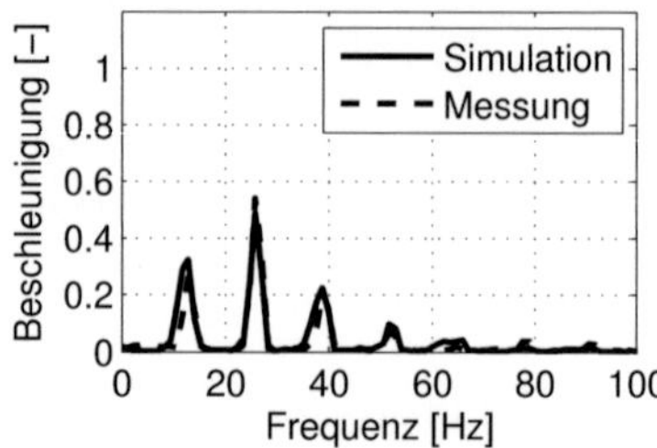

(b) Mit Trägheitsmoment Antriebsstrang

Abbildung 6.15: Amplitudenspektren der Längsbeschleunigung an der Anbaustelle des Hydroaggregats des Gesamtfahrzeugmodells bei der Fahrt über die Waschbrettstrecke (5. Abschnitt), Simulation mit verschiedenen Massenträgheitsmomenten und Messung

Abbildung 6.15(a) zeigt die Ergebnisse einer Simulation, bei der die Massenträgheitsmomente des Motors und des Antriebsstrangs vernachlässigt sind. Lediglich die Trägheitsmomente der Räder werden berücksichtigt. In Abbildung 6.15(b) sind bei der Simulation die entsprechenden Trägheitsmomente berechnet und den Hinterrädern zugeschlagen. Anhand des ersten Peaks bei 15 Hz lässt sich gut erkennen, dass das Trägheitsmoment einen wichtigen Einfluss auf die Längsdynamik besitzt. Während die Simulation in Abbildung 6.15(a) fast die doppelte Amplitude im Vergleich zur Messung besitzt, stimmen Simulations- und Messergebnisse in Abbildung 6.15(b) gut überein.

Diese Analysen zeigen, dass für eine gute Abbildungsgenauigkeit bei der hier gezeigten Anwendung der Antriebsstrang des Fahrzeugs berücksichtigt werden muss. Die Mindestanforderung ist dabei eine Einbindung der Massenträgheitsmomente. Noch bessere Übereinstimmungen sind zu erwarten, wenn die Elastizitäten des Antriebsstrangs entsprechend modelliert werden. Da die exakten Werte der Trägheitsmomente und der gewählte Getriebegang nicht bekannt sind, wird dieser Parameter bei der Parameteridentifikation in Abschnitt 6.7 berücksichtigt.

6.6 Fahrbahn

Bei den bisher gezeigten Simulationen werden nur ideale Fahrbahnen verwendet. In diesem Abschnitt wird untersucht, welchen Einfluss die Berücksichtigung einer stochastischen Anregung auf die Beschleunigung an einer Referenzstelle im Fahrzeug hat. Dazu werden in Abbildung 6.16 die Amplitudenspektren der vertikalen Beschleunigung an der Anbaustelle des ESP-Hydroaggregats verglichen. Es sind die Ergebnisse von zwei unterschiedlichen Simulationen zusammen mit den Messergebnissen dargestellt. Es wird jeweils der 6. Abschnitt der Waschbrettstrecke betrachtet.

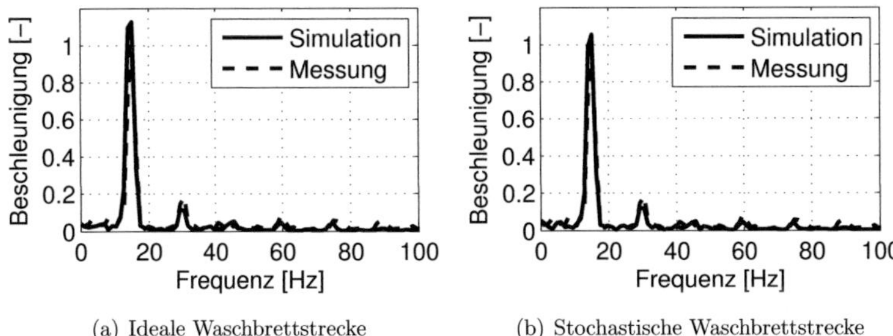

(a) Ideale Waschbrettstrecke (b) Stochastische Waschbrettstrecke

Abbildung 6.16: Amplitudenspektren der vertikalen Beschleunigung an der Anbaustelle des Hydroaggregats des Gesamtfahrzeugmodells bei der Fahrt über die Waschbrettstrecke (6. Abschnitt), Simulation mit verschiedenen Fahrbahnen und Messung

Auf der linken Seite (Abbildung 6.16(a)) sind die Simulationsergebnisse mit einem elastischen Gesamtfahrzeugmodell auf einer idealen Waschbrettstrecke abgebildet. Die rechte Seite (Abbildung 6.16(b)) zeigt die Ergebnisse mit dem gleichen Modell auf der Waschbrettstrecke, der eine stochastische Anregung überlagert ist. Die Modellierung dieser stochastischen Waschbrettstrecke ist in Kapitel 5 eingeführt.

Nicht nur in diesem Abschnitt, sondern über der gesamten Waschbrettstrecke lassen sich kaum Unterschiede zwischen den beiden Simulationen feststellen. Das lässt sich auch an den Bewertungsgrößen erkennen, die zur Übersicht in Tabelle 6.2 dargestellt sind. Lediglich geringe Unterschiede mit einer leichten Verbesserung sind in vertikaler Richtung zu verzeichnen. In Längsrichtung ist der Wert der Bewertungsgröße fast gleich geblieben bzw. hat sich minimal verschlechtert. Selbst bei der Betrachtung eines höheren Frequenzbereichs sind die Unterschiede aufgrund der verschiedenen Fahrbahnen gering.

Wie schon in Abschnitt 5.3 vermutet, zeigt sich damit, dass die diskreten Schwellen der Waschbrettstrecke sehr dominant sind und die stochastische Anregung nur einen geringen Einfluss auf Referenzstellen im Fahrzeug besitzt. Der Einsatz einer idealen Waschbrettstrecke ist für die hier gezeigte Anwendung ausreichend und der Aufwand

Tabelle 6.2: Bewertungsgrößen b_W für die ideale und die stochastische Waschbrettstrecke an der Anbaustelle ESP-Hydroaggregat

	ideale Waschbrettstrecke	stochastische Waschbrettstrecke
b_W Längsrichtung	0,54	0,55
b_W vertikale Richtung	0,49	0,42

für die Modellierung der stochastischen Fahrbahn bringt kaum Vorteile. Diese Untersuchung zeigt auch, dass durch eine optische Vermessung der Fahrbahn keine weiteren Verbesserungen zu erwarten sind. Das gilt jedoch nicht für regellose Fahrbahnen, die beim Fahrzeughersteller im Zusammenhang mit diesem Fahrzeugmodell eingesetzt werden. Diese Fahrbahnen lassen sich nur mit stochastischen Fahrbahnmodellen oder mit Hilfe von Messdaten beschreiben.

6.7 Parameteridentifikation des Fahrzeugmodells

Grundsätzlich kann davon ausgegangen werden, dass alle Parameter des bestehenden Fahrzeugmodells aufgrund von Unsicherheiten bei ihrer experimentellen Bestimmung toleranzbehaftet sind. In diesem Kapitel wird deutlich, dass einige Modellparameter existieren, die bei den Simulationen einen besonders großen Einfluss auf das Schwingungsverhalten des Fahrzeugs aufzeigen. Abschließend wird daher mit einer Auswahl dieser Parameter eine Parameteridentifikation durchgeführt. Damit wird untersucht, ob mit geringen Variationen im Toleranzbereich der Parameter noch bessere Übereinstimmungen zu Messungen an Referenzstellen im Fahrzeug erzielt werden können. Tabelle 6.3 gibt einen Überblick über die verwendeten Parameter. Die gewählten Toleranzbereiche werden im Weiteren erläutert.

Für die Räder werden an der Vorder- und Hinterachse jeweils vier Parameter berücksichtigt. Die Masse des Reifengürtels, eine Reifeneigenfrequenz und ein Reifenkoeffizient gehören zum Reifenmodell. Außerdem wird die Felgenmasse berücksichtigt, da Anteile des Reifens, die eng mit der Felge verbunden sind (z. B. der Reifenwulst oder Teile der Karkasse) zur Felgenmasse addiert werden. Für die Radaufhängungen werden jeweils drei Parameter berücksichtigt. Neben den longitudinalen Steifigkeits- und Dämpfungswerten des Elastomerlagers 4 an der Vorderachse (vgl. Abbildung 5.3) bzw. eines entsprechenden Fahrwerklagers an der Hinterachse werden die Dämpfungseigenschaften der

Tabelle 6.3: Eingangsparameter der Parameteridentifikation

Räder	vorne/hinten	Reifengürtelmasse	±20%
		Reifeneigenfrequenz	±20%
		Reifenkoeffizient	±20%
		Felgenmasse	±20%
Radaufhängung	vorne/hinten	Schwingungsdämpfer	±20%
		Steifigkeit Elastomerlager	±20%
		Dämpfung Elastomerlager	±50%
Antriebsstrang	hinten	Massenträgheitsmoment	0.33 ... 3

vier Schwingungsdämpfer mit einbezogen. Die drei Parameter sind Faktoren, die mit den Steifigkeitskennlinien und Dämpfungswerten der Elastomerlager bzw. den Dämpfungskennlinien der Schwingungsdämpfer multipliziert werden. Außerdem wird das Massenträgheitsmoment des Antriebsstrangs als reduziertes Trägheitsmoment an den Hinterrädern berücksichtigt. Für die meisten Parameter wird ein Toleranzbereich von ±20% angenommen. Möglicherweise sind noch größere Abweichungen aufgrund der Abnutzung verschleißbehafteter Teile zulässig. Die Dämpfungswerte der Elastomerlager unterliegen einer großen Unsicherheit bei der experimentellen Bestimmung. Daher wird für diese Parameter ein größerer Toleranzbereich von ±50% zugelassen. Für die Trägheitsmomente wird berücksichtigt, dass der eingelegte Getriebegang und damit die gewählte Übersetzung bei den Fahrversuchen nicht exakt bekannt ist. Daher wird für diesen Parameter ein sehr großer Toleranzbereich angenommen.

Als Zielfunktionswert für die Parameteridentifikation dient die Summe der Bewertungsgröße b_W in longitudinaler und in vertikaler Richtung an der Anbaustelle des ESP-Hydroaggregats. Als Optimierungsverfahren wird ein Evolutionärer Algorithmus eingesetzt (vgl. Abschnitt 3.3). Abbildung 6.17 zeigt den Zielfunktionswert über der Anzahl der simulierten Designvarianten.

Wie in Abbildung 6.17 zu erkennen ist, kann mit der Parameteridentifikation eine Verbesserung des Zielfunktionswertes von ca. 7 % erzielt werden. Aufgrund der verhältnismäßig geringen Anzahl an verwendeten Parameter des komplexen Fahrzeugmodells ist das eine deutliche Verbesserung. Auffällig ist die Schwankungsbreite des Zielfunktionswertes bei der Betrachtung aller Designvarianten. So lässt sich erkennen, dass mit den gewählten Toleranzbereichen auch deutlich schlechtere Zielfunktionswerte auftreten können. Dazu trägt insbesondere die diskrete Anregung der Waschbrettstrecke bei. Im Gegensatz zu der Anregung einer regellosen Fahrbahn bewirkt die diskrete Anregung bei geringfü-

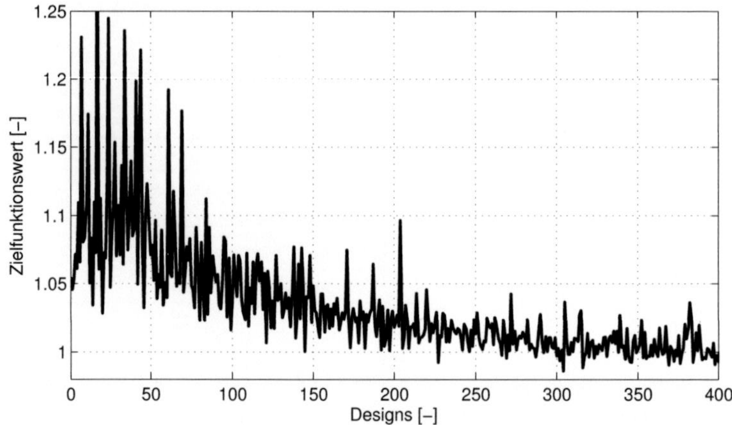

Abbildung 6.17: Zielfunktionswert über der Anzahl der simulierten Designvarianten

gig verschobener Eigenfrequenz des Fahrzeuges große Amplitudenunterschiede in dem entsprechenden Abschnitt.

Trotz der beschriebenen Parametertoleranzen macht dieses Kapitel deutlich, dass das vorgestellte Fahrzeugmodell eine gute Grundlage für die Zuverlässigkeitsabsicherung von karosseriefesten Komponenten liefert. Eine detaillierte Betrachtung der Komponenten schließt sich im folgenden Kapitel an.

7 Kopplung und Modellbildung der Kfz-Komponenten

Die Simulationen und Analysen in den vorangegangenen Kapiteln beschränken sich auf das Fahrzeugmodell und entsprechende Referenzstellen im Fahrzeug. In diesem Kapitel werden die Untersuchungen auf karosseriefeste Komponenten erweitert. Dazu werden zunächst verschiedene Kopplungsmöglichkeiten zwischen einer Komponente und der Karosserie vorgestellt und diskutiert. Daraus ergeben sich je nach Ansatz für die Kopplung verschiedene Möglichkeiten für die Modellierung der Komponente. Wie bereits in Kapitel 4 ersichtlich wird, dient das ESP-Hydroaggregat in dieser Arbeit als Anwendungsbeispiel für eine karosseriefeste Komponente. Dieses Hydroaggregat ist die Zentraleinheit des Elektronischen Stabilitätsprogramms (ESP). Nach dem Vergleich von Messergebnissen auf dem Block des Hydroaggregats und dessen Anbaustelle wird das Komponentenmodell eingeführt und erläutert. Einige Simulationsergebnisse und Schlussfolgerungen zum Einsatz der virtuellen Methoden für die Zuverlässigkeitsabsicherung runden das Kapitel ab.

7.1 Theoretische Kopplungsmöglichkeiten

Die Wechselwirkung zwischen Komponente und Fahrzeug hat je nach Einbauumgebung einen Einfluss auf das dynamische Verhalten der Komponente. Im Folgenden sind daher Möglichkeiten dargestellt, wie die Kopplung eines Komponentenmodells an das bestehende Fahrzeugmodell durchgeführt werden kann. Abhängig von der Art der Kopplung ergeben sich Möglichkeiten und Vorgaben für die Modellbildung der Komponente. Abbildung 7.1 gibt eine Übersicht über die verschiedenen Kopplungs- und Modellierungsmöglichkeiten.

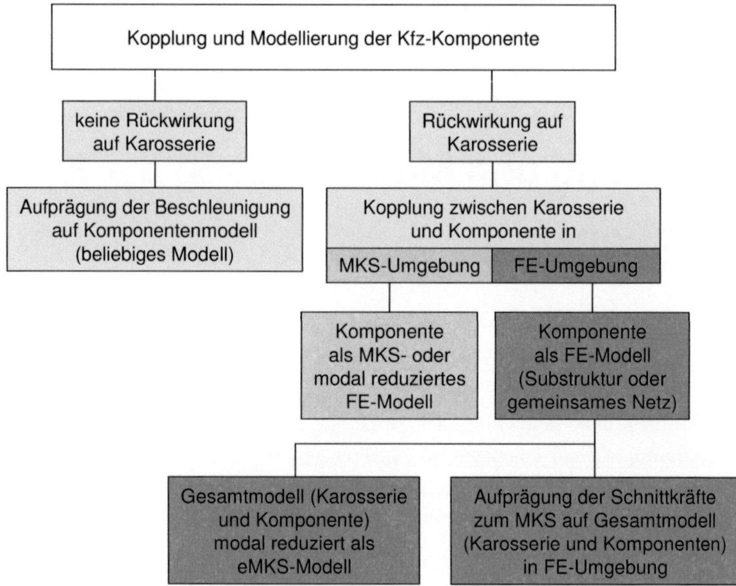

Abbildung 7.1: Modellierungs- und Kopplungsmöglichkeiten für eine karosseriefeste Kfz-Komponente

Grundsätzlich wird hierbei zwischen einer Kopplung *ohne Rückwirkung auf die Karosserie* und *mit Rückwirkung* unterschieden. Unter der Rückwirkung versteht man hier den Einfluss, den die Komponente auf lokale Schwingungen der Karosserie aufgrund ihrer Masse, Massenträgheitsmomente und Eigendynamik ausübt. Von dieser Unterscheidung ausgehend sind weitere Verzweigungen denkbar, die in den folgenden Abschnitten diskutiert werden.

7.1.1 Keine Rückwirkung auf die Fahrzeugkarosserie

Die Vernachlässigung der Rückwirkung ist ein einfacher und effizienter Ansatz. Dabei werden das Fahrzeugmodell und das Komponentenmodell unabhängig voneinander betrachtet und simuliert. Zunächst wird eine Fahrzeugsimulation durchgeführt und kinematische Größen wie z. B. die Beschleunigung an der Anbaustelle aufgezeichnet. Diese kinematischen Größen werden in einer zweiten Simulation dem Komponentenmodell aufgeprägt. Damit muss für verschiedene Varianten des Komponentenmodells nur einmal die rechenzeitintensive Fahrzeugsimulation durchgeführt werden. Parameteridentifikationen und -studien können daher mit diesem Ansatz sehr effizient durchgeführt werden.

Für die Wahl der Modellierungsmethode der Komponente gibt es nur eine geringe Einschränkung. Es muss lediglich möglich sein, die kinematische Größe aufprägen zu können. Denkbar ist eine Modellierung als FE-Körper, wobei mit (elastischen) Mehrkörpersystemen bei der transienten Anregung häufig geringere Rechenzeiten erzielt werden können.

Dieses Verfahren stellt eine gute Näherung dar, wenn der Einfluss der Komponente auf lokale Schwingungen der Karosserie gering ist oder die Frequenzen dieser Schwingungen außerhalb des für die Anwendung relevanten Frequenzbereichs liegen. Dies trifft besonders bei steifen Einbauumgebungen und Komponenten mit geringer Masse zu. Wenn zusätzliche Halterungen oder Elastomerlager für die Befestigung der Komponente eingesetzt werden, kann häufig die Rückwirkung ebenfalls vernachlässigt werden. Erfahrungen zeigen, dass der Einfluss des dynamischen Verhaltens dieser Befestigungselemente häufig viel größer ist als die Wechselwirkung der Komponente mit der Karosserie.

Eine allgemeingültige Aussage, für welche Komponenten dieser Ansatz eine gute Näherung darstellt, lässt sich hier nicht treffen, sondern muss im Einzelfall abgeschätzt und geprüft werden.

7.1.2 Rückwirkung auf die Fahrzeugkarosserie

Für manche Anbausituationen kann die Rückwirkung auf die Karosserie einen entscheidenden Einfluss auf das dynamische Verhalten der Komponente besitzen. Wird diese Rückwirkung berücksichtigt, wird hier zwischen der Kopplung in einer FE-Umgebung und einer MKS-Umgebung unterschieden.

Wie bei der Vorstellung der Softwaretools deutlich wird, werden für die verschiedenen Modellierungsmethoden MKS und FE unterschiedliche Softwareprogramme eingesetzt (vgl. Abschnitt 5.4). Welche Möglichkeiten für die Kopplung zur Verfügung stehen, hängt damit auch von den Modellierungsmöglichkeiten der entsprechenden Softwaretools ab.

Für Simulationen, bei der die Rückwirkung auf die Karosserie berücksichtigt wird, müssen Modelle zwischen Fahrzeughersteller und Komponentenhersteller ausgetauscht werden. Diese enge Zusammenarbeit zwischen Fahrzeughersteller und -zulieferer ist die zwingende Voraussetzung für die praktische Umsetzung dieser Kopplungen.

7.1.2.1 Kopplung in MKS-Umgebung

Wird die Kopplung von Komponente und Karosserie in einer MKS-Umgebung durchgeführt, kann das Komponentenmodell als Starrkörpermodell oder als elastisches Modell in modalen Koordinaten ausgeführt sein. Das Fahrzeugmodell muss ebenfalls als starres oder elastisches Mehrkörpersystem vorliegen.

Besondere Beachtung muss der Anbindung an das reduzierte Karosseriemodell geschenkt werden. Es ist nicht zwingend notwendig, Masterknoten für die Befestigung der Komponente an die elastische Struktur zu verwenden (vgl. Abschnitt 3.1). Durch die Anbindung der Komponente treten Punktlasten an einzelnen Knoten der elastischen Struktur auf. Ob an den entsprechenden Anbindungspunkten Masterknoten definiert sein müssen, hängt davon ab, wie gut diese Punktlasten auf die modalen Koordinaten der elastischen Struktur projiziert werden können. Im unrealistischen Grenzfall, bei dem die eingeleiteten Kräfte überhaupt nicht projiziert werden, verhält sich die Karosserie an der Anbaustelle wie ein starrer Körper.

Bei Einbauumgebungen mit geringer Steifigkeit verursachen selbst geringe Punktlasten große lokale Verformungen. Daher empfiehlt sich für solche Umgebungen die Verwendung von Masterknoten. Bei der Reduktion des FE-Körpers werden dadurch statische Verschiebungsformen berücksichtigt, die diese lokalen Verformungen abbilden können.

Es ist zu beachten, dass in der Realität keine echten punktförmigen Lasten auftreten, sondern eine Krafteinleitung über eine endliche Oberfläche erfolgt. Daher reicht es in der Regel nicht aus, einen beliebigen Knoten in einen Masterknoten umzuwandeln. Zusätzlicher Modellierungsaufwand ist notwendig, um die Einleitung der Punktlast auf Knoten in der Umgebung zu verteilen. Ohne entsprechende Versteifungen besteht die Gefahr, unrealistisch hohe Verschiebungen des einzelnen Knotens zu erzeugen.

Die Rechenzeiten sind bei der Kopplung von Komponentenmodell und Karosserie um ein Vielfaches höher als bei der getrennten Simulation der Modelle. Bei einer Kopplung in der MKS-Umgebung können trotzdem akzeptable Rechenzeiten erzielt werden. Ein wichtiger Vorteil dieses Ansatzes ist die Möglichkeit, nichtlineare Bauteile wie z. B. Elastomerlager durch nichtlineare Kraftgesetze formulieren zu können.

7.1.2.2 Kopplung in FE-Umgebung

Für die Kopplung der Komponente und der Karosserie in einer FE-Umgebung ist eine gemeinsame Vernetzung oder der Einsatz von reduzierten Teilmodellen, sogenannten

Substrukturen, denkbar. Mit dieser Kopplung ergeben sich zwei Möglichkeiten für die Gesamtfahrzeugsimulation. Entweder die Simulation wird in der MKS-Umgebung durchgeführt oder das Karosseriemodell wird mit der gekoppelten Komponente in der FE-Umgebung simuliert und mit Schnittkräften belastet.

Gekoppeltes Gesamtmodell als eMKS Wird die Gesamtfahrzeugsimulation als MKS-Simulation durchgeführt, sind Komponente und Karosserie als elastisches Gesamtmodell zu berücksichtigen. Die Berücksichtigung ist jedoch nur in modal reduzierter Form möglich. Bei der Reduktion des FE-Modells wird die Struktur linearisiert, so dass nichtlineare Effekte z. B. von Koppelelementen nicht abgebildet werden können. Die Grenzfrequenz, bis zu der fixed boundary normal modes (vgl. Abschnitt 3.1) berücksichtigt werden, kann für die Karosserie und die Komponente nicht getrennt gewählt werden. Liegen relevante Eigenmoden der Komponente oberhalb einer für die Karosserie typischen Grenze, muss diese erhöht werden, um die linearen Schwingungen der Komponente oder seiner Halterung abbilden zu können. Dabei werden unter Umständen sehr viele fixed boundary normal modes der Karosserie einbezogen, die für die Schwingung der Komponente keine Rolle spielen. Die Rechenzeit und der Speicherbedarf kann hierdurch bei der Fahrzeugsimulation stark ansteigen. Der Vorteil, nur ein elastisches Modell in der MKS-Umgebung handhaben zu müssen, fällt dabei kaum ins Gewicht.

Aufprägung der Schnittkräfte auf FE-Modell Bei dieser Kopplungs- und Modellierungsmethode wird die Fahrzeugsimulation in der FE-Umgebung durchgeführt. Nur die Karosserie des Fahrzeugs ist bei dem hier verwendeten Fahrzeug als FE-Modell verfügbar, andere Baugruppen wie z. B. das Fahrwerk oder die Lenkung liegen nur als MKS-Modell vor. Als Alternativlösung können dem Gesamtmodell aus Komponente und Karosserie Schnittkräfte zu diesen Baugruppen aufgeprägt werden, die bei einer eMKS-Simulation des Gesamtfahrzeugs (ohne Komponente) berechnet werden.

Ein Vorteil dieser Vorgehensweise ist, dass die Karosserie nicht in modal reduzierter Form verwendet wird. Damit ist die Abbildungsgenauigkeit nicht von der Wahl der Haupt- und Nebenfreiheitsgrade und der Anzahl der fixed boundary normal modes abhängig. Die Schnittkräfte liegen im Zeitbereich vor, so dass eine Zeitintegration des FE-Modells durchgeführt werden muss. Bei der Zeitintegration sind sehr hohe Rechenzeiten zu erwarten und die Implementierung der Schnittkräfte ist aufwändig.

7.2 Anwendungsbeispiel ESP-Hydroaggregat

Wie zu Beginn dieses Kapitels erwähnt, dient das ESP-Hydroaggregat als Anwendungsbeispiel für eine karosseriefeste Komponente. Abbildung 7.2 zeigt die Geometrie des ESP-Hydroaggregats, wobei die für die Modellierung wichtigsten Bauteile markiert sind.

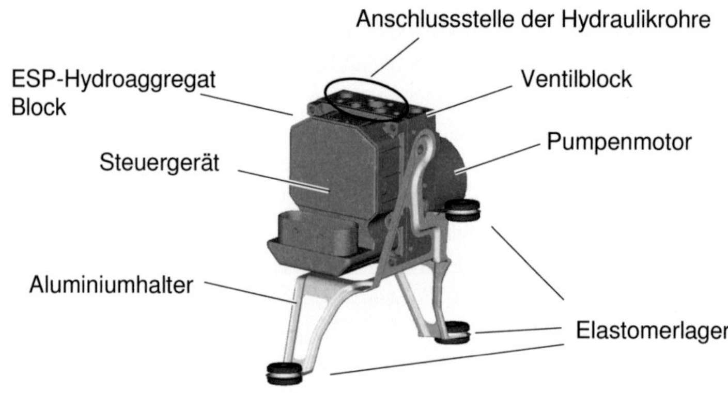

Abbildung 7.2: Anwendungsbeispiel einer karosseriefesten Komponente: Geometrie des ESP-Hydroaggregats mit seinen wichtigsten Bauteilen

Mit dem Begriff *ESP-Hydroaggregat Block* werden das Steuergerät mit Gehäuse, der Ventilblock und der Pumpenmotor zusammengefasst. Der Block ist mit einem Aluminiumhalter verschraubt, der mit drei Elastomerlagern an der Karosserie befestigt ist. Nicht eingezeichnet in Abbildung 7.2 sind Hydraulikrohre, die an der Oberseite des Blocks angebunden sind.

7.2.1 Messungen an der Komponente

Zunächst werden nur Messergebnisse betrachtet. In Abbildung 7.3 sind als durchgezogene Kurven die Amplitudenspektren der longitudinalen und vertikalen Beschleunigungen an der Referenzstelle auf dem Block des ESP-Hydroaggregats eingezeichnet (vgl. Abbildung 4.1). Als Vergleich sind mit gestrichelten Linien die entsprechenden Amplitudenspektren an der Anbaustelle dargestellt. Es wird wie in Kapitel 6 für die Anbaustelle der 6. Abschnitt der Waschbrettstrecke beispielhaft betrachtet (vgl. Abbildung 6.13).

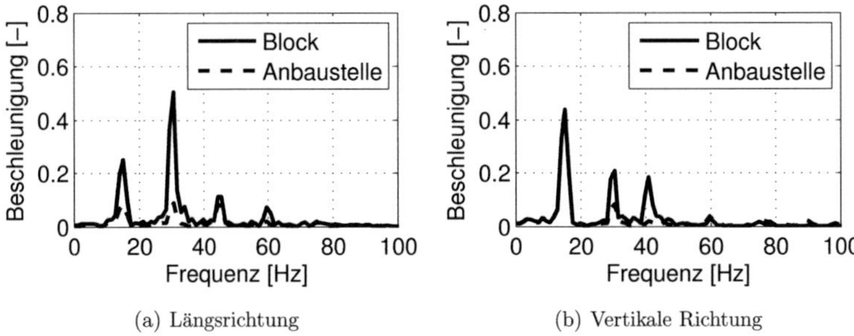

(a) Längsrichtung　　　　　　　　　(b) Vertikale Richtung

Abbildung 7.3: Amplitudenspektren der Beschleunigung am Block und an der Anbaustelle des ESP-Hydroaggregats bei der Fahrt über die Waschbrettstrecke (6. Abschnitt), nur Messung

Bis 15 Hz sind sowohl in longitudinaler als auch in vertikaler Richtung kaum Unterschiede zwischen der Beschleunigung am Block und an der Anbaustelle zu erkennen. Von 15 Hz bis 70 Hz lassen sich besonders in Längsrichtung am Block hohe Amplituden feststellen, die an der Anbaustelle nicht auftreten. Eine experimentelle Modalanalyse zeigt, dass in diesem Frequenzbereich vier Schwingungsmoden der Komponente gemessen werden können (vgl. [Run05]). Die Komponente wird durch die Fahrt über die Waschbrettstrecke im Fahrzeug zu Schwingungen angeregt. Liegt die Anregungsfrequenz in der Nähe einer Schwingungsform der Komponente, kommt es zu Resonanzeffekten, die durch vergrößerte Amplituden sichtbar werden. Die Amplitudenspitzen bei 32 Hz und 40 Hz können anhand der experimentellen Modalanalyse einzelnen Schwingungsmoden zugeordnet werden. Daraus wird ersichtlich, dass ein geeignetes Komponentenmodell zur richtigen Abbildung der Beschleunigungen auf dem Block des ESP-Hydroaggregats zwingend notwendig ist.

7.2.2 Komponentenmodell ESP-Hydroaggregat

In dem in Kapitel 5 beschriebenen Fahrzeugmodell ist das ESP-Hydroaggregat nicht berücksichtigt. Aus diesem Grund wird in diesem Abschnitt ein geeignetes Modell dieser Komponente eingeführt. Die Erläuterung des Modells wird hier relativ kurz gehalten. Ausführliche Informationen und Details sind in [Rio06] zu finden. Darin werden neben dem Modell des ESP-Hydroaggregats Versuche an einem Prüfstand beschrieben, die zur Validierung des Modells eingesetzt werden. Die Hydraulikrohre werden in [Rio06] nicht berücksichtigt.

Die Einbauumgebung des ESP-Hydroaggregats ist im Verhältnis zum Aluminiumhalter und der Elastomerlager sehr steif ausgeführt. Diese Einbauumgebung lässt vermuten, dass die Rückwirkung der Komponente auf die Karosserie sehr gering ist. Dies bestätigt eine Voruntersuchung, bei der ein Vergleich zweier unterschiedlicher Fahrzeugmodelle bei der Fahrt über die Waschbrettstrecke durchgeführt wird. In einem Fahrzeugmodell ist die Komponente eingebaut und mit der Karosserie gekoppelt, in dem anderen Modell ist keine Komponente berücksichtigt. Die beiden Simulationsergebnisse haben fast identische Beschleunigungsverläufe an der Anbaustelle des ESP-Hydroaggregats. Die Kopplung ist für diesen Vergleich in der MKS-Umgebung umgesetzt. Eine Kopplung in der FE-Umgebung wird für diese Komponente nicht analysiert.

Aufgrund dieser Voruntersuchungen wird für dieses Anwendungsbeispiel die Kopplung ohne Rückwirkung betrachtet. Die Komponente wird als elastisches Mehrkörpersystem modelliert. Dabei wird der Block des Hydroaggregats als starrer Körper angenommen. Seine Masse und die Massenträgheitsmomente werden experimentell bestimmt.

Der Aluminiumhalter wird als FE-Modell erstellt und in reduzierter Form in das Komponentenmodell integriert. Zur Validierung werden die Eigenfrequenzen des numerischen Modells mit experimentellen Modalanalysen verglichen, wobei gute Übereinstimmungen erzielt werden können (vgl. [Rio06]). Die Schraubenverbindungen zum Block werden über ideale Festgelenke realisiert.

Die Bestimmung der Eigenschaften der Elastomerlager wird in zwei Schritten durchgeführt. Zunächst werden mit Hilfe von Werkstoffproben die frequenz- und amplitudenabhängigen Eigenschaften des Werkstoffs experimentell bestimmt und als Materialeigenschaften für ein FE-Modell aufbereitet. In einem zweiten Schritt werden mit einer FE-Simulation die geometrischen Einflüsse berücksichtigt und die dynamische Steifigkeits- und Dämpfungskennlinie des Bauteils für verschiedene Amplituden berechnet. In [Rio06] werden verschiedene Ansätze zur Modellierung der Elastomerlager untersucht. Dabei zeigt sich, dass die Frequenzabhängigkeit dieser Lager eine sehr geringe Rolle spielt. Als Anregung wird im Prüfstand ein Gleitsinus mit konstanter Beschleunigungsamplitude verwendet. Bei dieser Art der Anregung muss die Amplitudenabhängigkeit der Elastomerlagersteifigkeit berücksichtigt werden.

Für die Anregung in dieser Arbeit werden die Elastomerlager mit linearen, dreidimensionalen Feder-/Dämpferelementen modelliert. Für die Steifigkeits- und Dämpfungsparameter werden gemittelte Werte aus den Bauteilkennlinien verwendet.

Die Modellierung der Hydraulikrohre erfolgt ebenfalls über lineare, dreidimensionale Feder-/Dämpferelemente. Die Eigenschaften der Hydraulikrohre sind nicht exakt bekannt und werden zunächst abgeschätzt. Eine Parameteridentifikation zur Bestimmung genauerer Werte folgt beim Vergleich mit Fahrzeugmessungen (vgl. Abschnitt 7.2.3).

Die Einbauumgebung wird für das Komponentenmodell als starrer Körper modelliert, der translatorisch mit einer Zwangsbewegung geführt wird. Die drei Elastomerlager und die Hydraulikrohre sind mit diesem Körper verbunden.

7.2.3 Simulation des ESP-Hydroaggregats

Im Folgenden werden zwei Simulationen des Komponentenmodells vorgestellt. Bei der *Simulation I* wird das gemessene Beschleunigungssignal an der Anbaustelle für die Zwangsbewegungen der starren Einbauumgebung verwendet. Das bedeutet, dass bei dieser Simulation keine Ergebnisse aus der Fahrzeugsimulation verwendet werden. Eine Phasenverschiebung der Übertragungsfunktion des Messsystems wird dabei akzeptiert. Zur Auswertung wird die Referenzstelle auf dem Block des Hydroaggregats herangezogen. Die Simulationsergebnisse des Komponentenmodells werden mit den gemessenen Beschleunigungen aus dem Fahrzeugversuch verglichen und die entsprechenden Amplitudenspektren in Abbildung 7.4 dargestellt. Die Beschleunigung des 6. Abschnitts der Waschbrettstrecke in longitudinaler Richtung zeigt die Abbildung 7.4(a), daneben ist die Beschleunigung in vertikaler Richtung abgebildet.

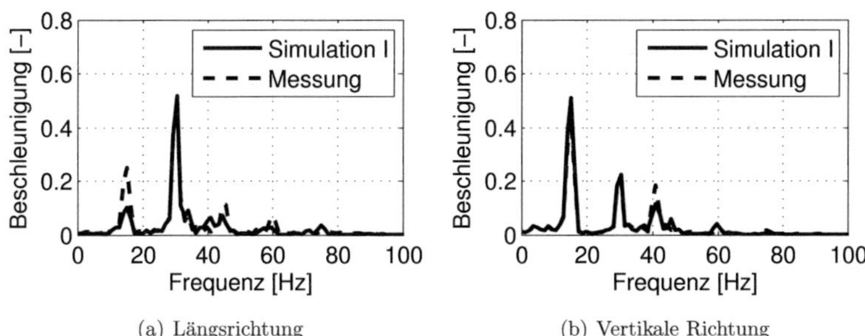

(a) Längsrichtung　　　　　(b) Vertikale Richtung

Abbildung 7.4: Amplitudenspektren der Beschleunigung am Block des ESP-Hydroaggregats bei der Fahrt über die Waschbrettstrecke (6. Abschnitt), Simulation I und Messung

In beiden Richtungen werden mit der Komponentensimulation gute Übereinstimmungen erzielt. Lediglich bei 17 Hz in Längsrichtung und bei 40 Hz in vertikaler Richtung stimmen die Amplituden nicht vollständig überein. Über den gesamten Frequenzbereich betrachtet bildet das Komponentenmodell mit den getroffenen Vereinfachungen die dynamischen Eigenschaften des ESP-Hydroaggregats für diese Anwendung gut ab. Zu beachten ist, dass die zunächst abgeschätzten Parameter der Hydraulikrohre bei dieser Simulation mit einem evolutionären Algorithmus (vgl. Abschnitt 3.3) mit Hilfe der dargestellten Fahrzeugmessungen identifiziert sind. Die identifizierten Parameterwerte liegen in dem vorher abgeschätzten Bereich. Nur damit lassen sich die sehr guten Werte der Bewertungsgröße mit $b_W = 0,39$ in Längsrichtung und $b_W = 0,26$ in vertikaler Richtung erzielen.

Bei *Simulation II* wird das identische Komponentenmodell verwendet. Für die Zwangsbewegung werden hier jedoch Beschleunigungen an der Anbaustelle eingesetzt, die bei der Fahrzeugsimulation (vgl. Kapitel 6) berechnet werden. Abbildung 7.5 zeigt die Amplitudenspektren der Simulationsergebnisse am Block des Hydroaggregats als Vergleich mit Messergebnissen aus dem Fahrzeugversuch.

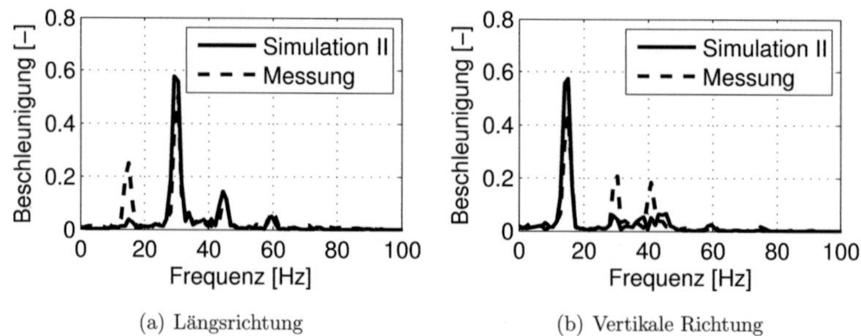

(a) Längsrichtung   (b) Vertikale Richtung

Abbildung 7.5: Amplitudenspektren der Beschleunigung am Block des ESP-Hydroaggregats bei der Fahrt über die Waschbrettstrecke (6. Abschnitt), Simulation II und Messung

Wieder sind die longitudinalen und vertikalen Beschleunigungen des 6. Abschnitts dargestellt. Die Übereinstimmung mit Messergebnissen ist bei der Simulation II besonders in vertikaler Richtung etwas schlechter. Hier äußert sich, dass geringe Unterschiede zwischen Simulation und Messung an der Anbaustelle aufgrund der Eigendynamik der Komponente verstärkt werden. Außerdem ist zu beachten, dass die Parameter der Hydraulikrohre für eine gute Übereinstimmung der Simulation I mit Messungen identifiziert sind. Ungenauigkeiten der Anregung von Simulation I aufgrund der Phasenverschiebung des Messsystems sind bekannt (vgl. Abschnitt 6.1.1). Das wesentliche Verhalten der Komponente kann mit dieser Simulation trotzdem gut abgebildet werden. Dies zeigen auch die Bewertungsgrößen mit $b_W = 0,59$ in Längsrichtung und $b_W = 0,50$ in vertikaler Richtung.

Den Einfluss der Hydraulikrohre, insbesondere für die Längsrichtung, wird anhand der Abbildung 7.6 noch deutlicher.

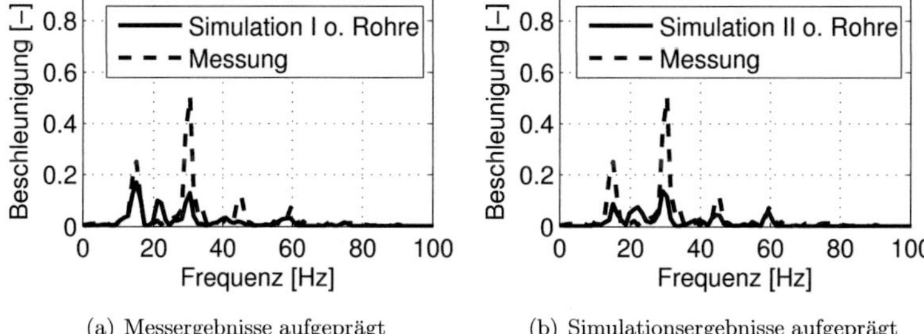

(a) Messergebnisse aufgeprägt (b) Simulationsergebnisse aufgeprägt

Abbildung 7.6: Amplitudenspektren der Längsbeschleunigung am Block des ESP-Hydroaggregats bei der Fahrt über die Waschbrettstrecke (6. Abschnitt), Simulation und Messung, Komponentenmodell ohne Hydraulikrohre

Abbildung 7.6(a) zeigt die Amplitudenspektren der simulierten Beschleunigung am Block. Bei diesem Modell sind die Hydraulikrohre vernachlässigt und als Anregung werden gemessene Beschleunigungen an der Anbaustelle verwendet (Simulation I ohne Rohre). Als Vergleich sind die gemessenen Beschleunigungen am Block eingezeichnet. In Abbildung 7.6(b) sind die Ergebnisse des gleichen Modells dargestellt, diesmal werden als Anregung Beschleunigungen aus der Fahrzeugsimulation verwendet (Simulation II ohne Rohre). Beide Simulationsergebnisse zeigen keine guten Übereinstimmungen mit der Messung. Besonders der Peak bei ca. 32 Hz wird in den Simulationen nicht gut abgebildet. Die Erklärung ist, dass ohne die Hydraulikrohre die Eigenfrequenzen der Komponente etwas verschoben werden. Dadurch treffen die diskreten Anregungsfrequenzen der Waschbrettstrecke in diesem Abschnitt nicht mit diesen Eigenfrequenzen zusammen. Daraus ist ersichtlich, dass die Hydraulikrohre nicht vernachlässigt werden können und zumindest mit einem einfachen Modell berücksichtigt werden müssen.

7.3 Virtuelle Methoden zur Zuverlässigkeitsabsicherung der Komponenten

Bei der experimentellen Zuverlässigkeitsabsicherung karosseriefester Komponenten werden die Messergebnisse der Fahrzeugversuche nach verschiedenen Bewertungskriterien mit den Ergebnissen entsprechender Prüfstandserprobungen verglichen. Basierend auf diesen Kriterien wird für die Komponente die Entscheidung zur Freigabe getroffen. Auf eine vollständige Beschreibung des Freigabeprozesses wird in dieser Arbeit verzichtet. Abschließend soll jedoch eine wichtige Auswertungsgröße dieses Prozesses, die gemittelte spektrale Leistungsdichte der Beschleunigung, herausgegriffen werden. Zur Bestimmung dieser Größe werden die Messsignale in Abschnitte gleicher Zeitdauer von jeweils ca. 0,4 s Länge geteilt. Von jedem Abschnitt wird die spektrale Leistungsdichte berechnet und anschließend über alle Abschnitte gemittelt. Weitere Informationen zu den verschiedenen Auswertungsgrößen werden in [Kög95] gegeben.

Eine Aufteilung der Waschbrettstrecke in die sechs Abschnitte mit jeweils gleichem Schwellenabstand wird bei der Auswertung der Freigabeversuche nicht durchgeführt. Sie wird in dieser Arbeit eingeführt, um die dynamischen Vorgänge bei der Überfahrt besser analysieren und den verschiedenen Abschnitten zuordnen zu können. Entsprechendes gilt für die Bewertungsgröße b_W, die nur in dieser Arbeit eingesetzt wird.

Abbildung 7.7 zeigt die gemittelte spektrale Leistungsdichte der Beschleunigungen am Block des Hydroaggregats. Die Simulation II und die Messung sind doppeltlogarithmisch aufgetragen und auf die größte Amplitude der Messung normiert. In Abbildung 7.7(a) ist die longitudinale Beschleunigung, in Abbildung 7.7(b) die vertikale Beschleunigung dargestellt.

Unterhalb von ca. 10 Hz und oberhalb von ca. 100 Hz sind die Amplituden bei der Simulation deutlich geringer als bei der Messung. Der Bereich zwischen diesen Grenzen ist für die Belastung der Komponente am wichtigsten, weil hier die größten Amplituden auftreten. In beiden Richtungen sind in diesem Bereich die Verläufe der spektralen Leistungsdichten von Simulation und Messung sehr ähnlich und es lassen sich gute Übereinstimmungen erzielen. Damit lässt sich zeigen, dass neben der gemessenen Beschleunigung auch die simulierte Beschleunigung eine Grundlage für den Vergleich mit Prüfstandserprobungen liefern kann.

Diese Machbarkeitsstudie zeigt, dass es mit den vorgestellten Modellen und virtuellen Methoden möglich ist, die Beschleunigungen an der hier betrachteten karosseriefesten Komponente mit einer guten Abbildungsgenauigkeit zu berechnen. Das ist nur mit einem

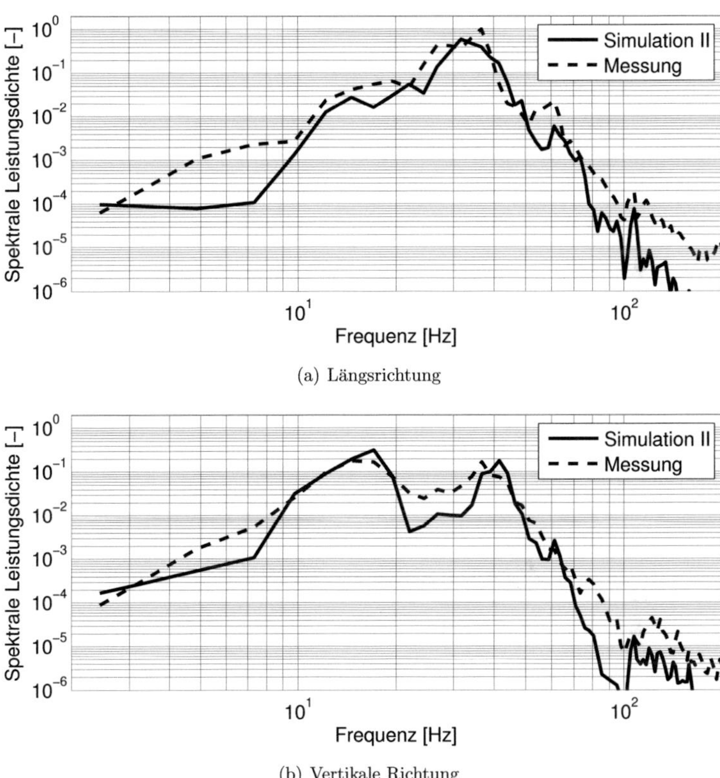

Abbildung 7.7: Spektrale Leistungsdichte Amplitudenspektren am Block des ESP-Hydroaggregats des Gesamtfahrzeugmodells bei der Fahrt über die Waschbrettstrecke, Simulation II und Messung

Fahrzeugmodell möglich, das die Beschleunigungen an der Anbaustelle mit hoher Genauigkeit bestimmt und einem Komponentenmodell, das die Eigendynamik der Komponente richtig abbildet. Kleine Unterschiede an der Anbaustelle können durch die Eigendynamik der Komponente stark vergrößert werden. Wie die Analyse der Hydraulikrohre zeigt, führen geringe Abweichungen in der Abbildungsgenauigkeit der Komponentendynamik aufgrund der diskreten Anregung der Waschbrettstrecke ebenfalls zu großen Abweichungen.

Mit dieser Studie lässt sich keine Aussage treffen, inwiefern die hier gezeigten Modelle und virtuellen Methoden die Fahrzeugversuche ersetzen können. Erfahrungen und Analysen mit weiteren Komponenten und Fahrzeugmodellen sind notwendig, um über die Zuverlässigkeit der Abbildungsgenauigkeit Angaben machen zu können. Andere Einbauumgebungen, bei denen die Rückwirkungen auf die Karosserie das Schwingungsverhalten der Komponenten beeinflussen, sollten dabei gezielt mitberücksichtigt werden. Außerdem ist es möglich, dass bei anderen Komponenten der Frequenzbereich erweitert werden muss.

Eine besondere Stärke der virtuellen Methoden ist die Möglichkeit mit geringem Aufwand verschiedene Variationen einer Komponente oder einer ihre Bauteile bzw. Befestigungselemente zu untersuchen. Mit diesen Untersuchungen sind diese Methoden bereits heute eine sinnvolle Ergänzung zur Unterstützung der Fahrzeugversuche.

Es ist zu erwarten, dass die Genauigkeit und Qualität der Fahrzeugmodelle in den kommenden Jahren weiter zunimmt. Für die Komponentenentwicklung ist abzusehen, dass Simulationsmethoden im Produktentstehungsprozess verstärkt eingesetzt werden. Dadurch steigt automatisch die Verfügbarkeit und Qualität der Komponentenmodelle. Diesen Entwicklungen folgend ist der verstärkte Einsatz virtueller Methoden zur Zuverlässigkeitsabsicherung der Komponenten der logische nächste Schritt. Das größte Potenzial bieten dabei Simulationsmethoden, die früher als bisher die zu erwartenden Belastungen im Fahrzeug bestimmen zu können. Mit Hilfe von virtuellen Prototypen des Fahrzeugs und der Komponenten können Simulationen durchgeführt werden, bevor ein reales Fahrzeug existiert. Zu diesem Zeitpunkt sind konstruktive Änderungen erheblich kostengünstiger als kurz vor Ende des Produktentstehungsprozesses.

Eine intensive Zusammenarbeit zwischen Systemlieferant und Fahrzeughersteller ist die Voraussetzung für den erfolgreichen und effektiven Einsatz der virtuellen Methoden. Nur durch einen frühen Austausch von Modellen bzw. Simulationsergebnissen können die beschriebenen Vorteile genutzt werden. Damit können virtuelle Methoden zum beidseitigen Nutzen beitragen und eine *Win-Win-Situation* schaffen.

8 Zusammenfassung und Ausblick

Zusammenfassung

Für die Zuverlässigkeitsabsicherung von Kraftfahrzeugkomponenten werden in der Fahrzeugzulieferindustrie vor der Freigabe umfangreiche Fahrzeugmessungen mit Prototypen durchgeführt. Aufgrund des hohen experimentellen Aufwandes sind Fahrzeugmessungen zeit- und kostenintensiv. Numerische Simulationen mit Gesamtfahrzeugmodellen bieten die Möglichkeit, den experimentellen Aufwand deutlich zu reduzieren. Außerdem können mit virtuellen Prototypen, die bereits vor realen Prototypen existieren, zu einem früheren Zeitpunkt Vorhersagen über die zu erwartenden Schwingbelastungen getroffen werden. Hierdurch kann eine höhere Entwicklungsqualität bei kürzerer Entwicklungsdauer erwartet werden.

Die vorliegende Arbeit zeigt eine Machbarkeitsstudie zum Einsatz von virtuellen Methoden bei der Zuverlässigkeitsabsicherung von karosseriefesten Komponenten. Dabei werden Möglichkeiten und Grenzen der numerischen Simulation aufgezeigt. Für die Simulation wird ein bestehendes Gesamtfahrzeugmodell verwendet, das bei einem Fahrzeughersteller entwicklungsbegleitend eingesetzt wird. Es ist ein detailliertes Mehrkörpersystemmodell mit einer elastischen Karosserie. Die Radaufhängungen sind elastokinematisch ausgeführt. Der Motor wird als starrer Körper berücksichtigt und der Antrieb ist mittels eines Moments auf die Hinterräder realisiert. Eine wichtige Rolle bei der Fahrzeugmodellierung spielen die Reifenmodelle. Es werden verschiedene kommerzielle Modelle vorgestellt und zum besseren Verständnis der wichtigsten physikalischen Zusammenhänge wird ein eigenes Reifenmodell erstellt. Neben der deterministischen Modellierung der Fahrbahn werden stochastische Ansätze zur Beschreibung der Fahrbahnrauhigkeit untersucht.

Vergleichsmessungen an einem realen Fahrzeug liefern den experimentellen Hintergrund für eine Validierung. Es werden Fahrzeugversuche bei der Fahrt über die Schlagleiste und über die Waschbrettstrecke durchgeführt und die Beschleunigung an Referenzstellen im Fahrzeug und an einer karosseriefesten Komponente ausgewertet.

Bei der Validierung und Analyse der erforderlichen Komplexität des Fahrzeugmodells zeigt sich, dass die Reifendynamik im betrachteten Frequenzbereich eine untergeordnete Rolle spielt, das Enveloping Behavior des Reifens jedoch nicht vernachlässigt werden kann. Für die Fahrzeugsimulationen wird das kommerzielle Reifenmodell RMOD-K verwendet. Zur Identifizierung der für diese Anwendung relevanten Reifenparameter werden Sensitivitätsstudien eingesetzt. Außerdem wird ersichtlich, dass die Elastokinematik auf die Beschleunigung in vertikaler Richtung nur einen geringen Einfluss hat, für die Abbildung der Längsdynamik jedoch wichtig ist. Die Analysen mit der elastischen und der starren Karosserie zeigen, dass die Schwingungsmoden und die Dämpfungseigenschaften der Karosserie eine bedeutende Rolle spielen und deshalb eine elastische Karosserie verwendet werden sollte. Untersuchungen veranschaulichen, dass für eine gute Abbildungsgenauigkeit bei der hier gezeigten Anwendung der Antriebsstrang des Fahrzeugs berücksichtigt werden muss. Die Mindestanforderung ist dabei eine Einbindung der Massenträgheitsmomente. Eine Überlagerung der Waschbrettstrecke mit stochastischen Fahrbahnanregungen hat kaum Auswirkungen auf die Beschleunigungen an Referenzstellen im Fahrzeug und kann daher vernachlässigt werden.

Karosseriefeste Komponenten, die keinen direkten Einfluss auf den Komfort des Fahrers oder die Fahrdynamik des Fahrzeugs haben, sind in bestehenden Fahrzeugmodellen der Fahrzeughersteller häufig nicht oder nur unzureichend für die hier betrachteten Fragestellungen modelliert. Daher werden hier verschiedene Möglichkeiten zur Modellierung der Komponenten und ihrer Kopplung an die Karosserie vorgestellt und diskutiert. Als Anwendungsbeispiel für eine karosseriefeste Komponente dient in dieser Arbeit das ESP-Hydroaggregat, die Zentraleinheit des Elektronischen Stabilitätsprogramms. Es werden Messungen auf der Komponente und an der Karosserieanbaustelle ausgewertet. Dabei wird deutlich, dass die Eigendynamik der Komponente eine große Rolle spielt und eine Modellierung der Komponente notwendig ist.

Aufgrund der steifen Einbauumgebung wird für das ESP-Hydroaggregat eine Kopplung ohne Rückwirkung auf die Karosserie gewählt. Die Komponente wird als elastisches Mehrkörpersystem modelliert. Neben den Elastomerlagern und dem Aluminiumhalter spielen die Hydraulikrohre eine wichtige Rolle für die Eigendynamik der Komponente. Gemessene Beschleunigungen aus dem Fahrzeugversuch und berechnete Beschleunigungen aus den Fahrzeugsimulation werden dem Komponentenmodell aufgeprägt und die Ergebnisse verglichen. Beide Modellierungsmethoden zeigen gute Übereinstimmungen mit gemessenen Beschleunigungen am Block des Hydroaggregats.

Diese Machbarkeitsstudie zeigt, dass es mit den vorgestellten Modellen und virtuellen Methoden möglich ist, die Beschleunigung an der hier betrachteten karosseriefesten Komponenten mit einer guten Abbildungsgenauigkeit zu berechnen. Dies ist nur mit einem Fahrzeugmodell möglich, das die Beschleunigungen an der Anbaustelle mit guter Genauigkeit bestimmt und einem Komponentenmodell, das die Eigendynamik der Komponente richtig abbildet.

Mit dieser Studie lässt sich noch keine Aussage treffen, inwiefern die hier gezeigten Modelle und virtuellen Methoden Fahrzeugversuche ersetzen können. Erfahrungen und Analysen mit weiteren Komponenten und Fahrzeugmodellen sind notwendig, um über die Zuverlässigkeit der Abbildungsgenauigkeit Angaben machen zu können. Eine besondere Stärke der virtuellen Methoden ist die Möglichkeit, mit geringem Aufwand verschiedene Variationen einer Komponente oder einer ihre Bauteile bzw. Befestigungselemente zu untersuchen. Mit diesen Untersuchungen sind diese Methoden bereits heute eine sinnvolle Ergänzung zur Unterstützung der Fahrzeugversuche. Damit zeigt diese Arbeit mit dem Einsatz virtueller Prototypen viel versprechende Möglichkeiten für den Systementwickler auf. Eine intensive Zusammenarbeit zwischen Systemlieferant und Fahrzeughersteller ist die Voraussetzung für den erfolgreichen und effektiven Einsatz der virtuellen Methoden mit beidseitigem Nutzen.

Ausblick

Der Einsatz von virtuellen Methoden ist heute bereits wichtiger Bestandteil in der Fahrzeugentwicklung. Es ist zu erwarten, dass die Genauigkeit und Qualität der Fahrzeugmodelle in den kommenden Jahren noch weiter zunimmt, Simulationssoftware ausgereifter und anwenderfreundlicher wird und der Trend zu höherer Rechnerperformance weiter anhält. Bei der Komponentenentwicklung ist abzusehen, dass Simulationsmethoden im Produktentstehungsprozess verstärkt eingesetzt werden. Dadurch steigt automatisch die Verfügbarkeit und Qualität der Komponentenmodelle. Virtuelle Methoden zur Zuverlässigkeitsabsicherung sind unter diesen Bedingungen immer einfacher und sicherer anwendbar und sind daher der logische nächste Schritt, der diesen Entwicklungen folgt.

In diesem Zusammenhang ist es wichtig, einen Prozess zu etablieren, der Unsicherheiten bei der Bestimmung der Parameter von Fahrzeug- und Komponentenmodellen auf ein Mindestmaß reduziert. Erfahrungen mit weiteren Fahrzeugmodellen und weiteren Komponenten sind dazu notwendig. Auch Kfz-Komponenten, bei denen eine Rückwirkung auf die Karosserie eine wichtige Rolle spielt, sollten dabei gezielt mitberücksichtigt werden. In dieser Arbeit werden nur Frequenzen berücksichtigt, die unterhalb von 100 Hz liegen. Manche karosseriefeste Komponente erfordern jedoch auch Untersuchungen mit Frequenzen oberhalb dieser Grenze. Zukünftige Studien sollten daher untersuchen, wie der Anwendungsbereich der virtuellen Methoden auf höhere Frequenzbereiche erweitert werden kann. Die diskrete Anregung der Waschbrettstrecke erfordert eine sehr genaue Parametrierung der Fahrzeugmodelle. Eine Erweiterung der Analysen auf regellose Fahrbahnen wird als sinnvoll erachtet.

Das größte Potenzial bieten Simulationsmethoden, die mit Hilfe von virtuellen Prototypen, früher als bisher, die zu erwartenden Belastungen im Fahrzeug bestimmen können. Sind die zu erwartenden Belastungen bereits in einem sehr frühen Stadium der Komponentenentwicklung berechenbar, lassen sich unzuverlässige oder auch überdimensionierte Konstruktionen vermeiden und Entwicklungskosten bei gleich bleibender oder sogar steigender Qualität einsparen und gleichzeitig die Entwicklungszeit verkürzen.

In dieser Arbeit wird von einem rein passiven Verhalten der Komponente ausgegangen. Schwingungen, die durch den Betrieb von mechanischen Komponenten wie z. B. Motoren oder Getrieben entstehen, werden nicht berücksichtigt. Zukünftige Studien könnten sich mit der kombinierten Last aus Fahrzeug- und Komponentenanregung beschäftigen. Die konsequente Fortführung ist die Untersuchung der Auswirkung dieser Schwingungen auf den akustischen Fahrerkomfort mit virtuellen Methoden.

Während sich diese Arbeit auf karosseriefeste Kfz-Komponenten beschränkt, ist eine Erweiterung auf weitere Kfz-Komponenten, wie z. B. Motoranbauteile denkbar. Virtuelle Motor- und Antriebsstrangmodelle könnten für diese Komponenten ein ähnliches Potenzial aufzeigen. Außerdem sind Betriebsfestigkeitsberechnungen eine sinnvolle Fortführung der in dieser Arbeit vorgestellten virtuellen Methoden und Modelle. In dieser Arbeit wird die Schwingbelastung an ausgewählten Kfz-Komponenten berechnet. Ein möglicher nächster Schritt ist die rechnerische Auslegung der Betriebsfestigkeit solcher Komponenten.

Es bleibt spannend, zu verfolgen, in welcher Form der Einzug von virtuellen Methoden in der Zuverlässigkeitsabsicherung erfolgen wird. Sicher ist, dass virtuelle Methoden auch in diesem Bereich eine immer wichtigere Rolle spielen werden.

Literaturverzeichnis

[AGRW95] D. AMMON, M. GIPSER, J. RAUH und J. WIMMER. *Effiziente Simulation der Gesamtsystemdynamik Reifen-Achse-Fahrwerk*. VDI-Berichte Nr. 1224, 1995.

[AGRW97] D. AMMON, M. GIPSER, J. RAUH und J. WIMMER. *High Performance System Dynamics Simulation of the Entire System Tire-Suspension-Steering-Vehicle*. Vehicle System Dynamics, Band 27:S. 435–455, 1997.

[alt06] *Homepage Altair Engineering GmbH*. http://www.altair.de, 2006.

[Amm89] D. AMMON. *Approximation und Generierung stationärer stochastischer Prozesse mittels linearer dynamischer Systeme*. Dissertation, Universität Karlsruhe, 1989.

[Amm90] D. AMMON. *Modellierung von Fahrbahnunebenheiten*. In H.G. Natke, H. Neunzert und K. Popp, *Dynamische Probleme – Modellierung und Wirklichkeit*, S. 59–75. Mitt. d. Curt-Risch-Inst. Hannover, 1990.

[Amm97] D. AMMON. *Modellbildung und Systementwicklung in der Fahrzeugdynamik*. Teubner Verlag, 1997.

[AMR+01] D. AMMON, D. MELJNIKOV, J. RAUH, T. SCHIRLE und H. SCHITTENHELM. *Auf dem Weg zur verlässlichen Ride-Simulation*. In Tagungband *MKS-Simulation in der Automobilindustrie*. Graz, 2001.

[Ape91] M. APETAUR. *Modelling of Transient Nonlinear Tyre Responses*. Supplement to Vehicle System Dynamics, Band 21, 1991.

[BC88] P. BANDEL und C.MONGUZZI. *Simulation Model of the Dynamic Behavior of a Tire Running Over an Obstacle*. Tire Science and Technology, TSTCA, Band 16(2):S. 62–77, 1988.

Literaturverzeichnis

[BD88]   J. BADALAMENTI und G. DOYLE. *Radial-interradial Spring Tire Models*.
            Journal of Vibration, Acoustic, Stress and Reliability in Design, Band
            110(1):S. 70–75, 1988.

[BEK90]   F. BÖHM, M. EICHLER und J. KLEI. *Vergleich der Berechnung von
            dynamischen Rollvorgängen mit Messungen am Reifenprüfstand*. In H.G.
            Natke, H. Neunzert und K. Popp, *Dynamische Probleme – Modellierung
            und Wirklichkeit*, S. 155–173. Mitt. d. Curt-Risch-Inst. Hannover, 1990.

[BF98]   K. BOHNERT und B. FRITZ. *Rechnerische NVH-Simulation am neuen
            Porsche 911*. VDI-Berichte Nr. 1411, S. 817–833, 1998.

[BH91]   H. BRAUN und T. HELLENBROICH. *Meßergebnisse von Straßenunebenhei-
            ten*. VDI-Berichte Nr. 877, S. 47–80, 1991.

[BK98]   F. BÖHM und K. KNOTHE. *Hochfrequenter Rollkontakt der Fahrzeugrä-
            der. Kapitel 6: Zusammenwirken von Kontaktmechanik, Reifen und Achs-
            dynamik beim instationären Rollkontakt*. Deutsche Forschungsgemeinschaft
            DFG, Wiley VCH Verlag, 1998.

[BLOO05]   M. BÄCKER, T. LANGTHALER, M. OLBRICH und H. OPPERMANN. *The
            Hybrid Road Approach for Durability Loads Prediction*. SAE-Paper 2005-
            01-0628, S. 27–37, 2005.

[BLP89]   E. BAKKER, L. LIDNER und H. PACEJKA. *A New Tire Model with an
            Application in Vehicle Dynamics Studies*. SAE-Paper 890087, 1989.

[BMS⁺02]   D. BELLUZZO, F. MANCOSU, R. SANGALLI, F. CHELI und S. BRUNI.
            *New Predictive Model for the Study of Vertical Forces (up to 250 Hz) In-
            duced on the Tire Hub by Road Irregularities*. Tire Science and Technology,
            TSTCA, Band 30(1):S. 2–18, 2002.

[BNP87]   E. BAKKER, L. NYBORG und H. PACEJKA. *Tyre Modelling for Use in
            Vehicle Dynamic Studies*. SAE-Paper 870421, 1987.

[Böh91]   F. BÖHM. *Tire Models for Computational Car Dynamics in the Frequency
            Range up to 1000 Hz*. Supplement to Vehicle System Dynamics, Band 21,
            1991.

[Böh93]   F. BÖHM. *Reifenmodell für hochfrequente Rollvorgänge auf kurzwelligen
            Fahrbahnen*. VDI-Berichte Nr. 1088, 1993.

[Boh99]   K. BOHNERT. *Rechnerische NVH-Simulationen am neuen Porsche 911 Carrera*. 3. Stuttgarter Symposium Kraftfahrwesen und Verbrennungsmotoren, 1999.

[Bra69]   H. BRAUN. *Untersuchungen von Fahrbahnunebenheiten und Anwendungen der Ergebnisse*. Dissertation, Universität Braunschweig, 1969.

[BSMM01]   I. BRONSTEIN, K. SEMENDJAJEW, G. MUSIOL und H. MÜHLIG. *Taschenbuch der Mathematik*. Harri Deutsch Verlag, 2001.

[BSW⁺05]   R. BENZ, G. SCHLESAK, P. WALZ, G. PRESCHANY, W. SEEMANN und J. WAUER. *Dynamische Simulation von Fahrzeugen auf Schlechtwegstrecken zur Ermittlung der Schwingbelastung an karosseriefesten Komponenten*. VDI-Berichte 1900, S. 327–342, 2005.

[BSW⁺06]   R. BENZ, G. SCHLESAK, P. WALZ, G. PRESCHANY, W. SEEMANN und J. WAUER. *Dynamic Simulation of Vehicles on Uneven Roads to Determine Vibrational Load on Car Body-fixed Components*. In Tagungsband *FISITA World Automotive Congress*. Yokohama, Oktober 2006.

[CB68]   R. CRAIG und M. BAMPTON. *Coupling of Substructures for Dynamic Analyses*. AIAA Journal, Band 6(7):S. 1313–1319, 1968.

[Cic06]   M. CICHON. *Zum Einfluß stochastischer Anregungen auf mechanische Systeme*. Dissertation, Universität Karlsruhe, 2006.

[Cra87]   R. CRAIG. *A Review of Time-Domain and Frequency-Domain Component-Mode Synthesis Methods*. Journal of Modal Analysis, S. 59–72, April 1987.

[DLS⁺05]   Y. DU, A. LION, R. SCHULLER, P. MAISSER und A. KEIL. *Optimale Auslegung von Fahrwerken mit mechatronischen Komponenten basierend auf Virtuellen Prototypen*. Konstruktion, Band 57(10):S. 75–81, Oktober 2005.

[DWK05]   H. DORFI, R. WHEELER und B. KEUM. *Vibration Modes of Radial Tires: Application to Non-Rolling and Rolling Events*. SAE-Paper 2005-01-2526, 2005.

[dyn06]   *Homepage DYNARDO Dynamic Software and Engineering GmbH.* http://www.dynardo.de, 2006.

Literaturverzeichnis

[ERKK98]   I. EBERSBERGER, A. RIEPL, G. KERN und H. KNOTT. *Schwingungssimulation eines allradgetriebenen Fahrzeugs*. ATZ Automobiltechnische Zeitschrift, Band 100(11), 1998.

[ESF98]   E. EICH-SOELLNER und C. FÜHRER. *Numerical Methods in Multibody Dynamics*. Teubner Verlag, Stuttgart, 1998.

[Fan01]   A. FANDRE. *Benutzeranleitung zum Reifenmodell für Komfortuntersuchungen RMOD-K*. Gedas, Mai 2001.

[För74]   R. FÖRSCHING. *Grundlagen der Aeroelastik*. Springer Verlag, 1974.

[FR01]   G. FRUHMANN und W. REINALTER. *Synthetische Streckengenerierung zur virtuellen Lastkollektivermittlung*. In Tagungsband MKS-Simulation in der Automobilindustrie. Graz, 2001.

[Fri93]   S. FRIK. *Untersuchungen zur erforderlichen Modellkomplexität bei der Fahrdynamiksimulation*. Dissertation, Universität Duisburg, 1993.

[Fru04]   G. FRUHMANN. *Simulation Schwingungskomfort – Einfluss unterschiedlicher Fahrbahnen*. In Tagungsband 5. Grazer Allradkongress. Februar 2004.

[fti06]   *Homepage FTire*. http://www.ftire.com, 2006.

[GAR05]   H. GIMMLER, D. AMMON und J. RAUH. *Mobile Messung, prozessgerechte Datenaufbereitung und vollständige Bewertung bereiten die Basis für eine effektive Simulation*. VDI-Berichte Nr. 1912, S. 335–352, 2005.

[GdCDB05]   A. GALLREIN, J. DE CUYPER, W. DEHANDSCHUTTER und M. BÄCKER. *Parameter Identification for LMS CDTire*. Vehicle System Dynamics, Band 43:S. 444–456, 2005.

[Gip87]   M. GIPSER. *DNS-Tire, ein dynamisches, räumliches nichtlineares Reifenmodell*. VDI-Berichte Nr. 650, S. 115–135, 1987.

[Gip96]   M. GIPSER. *DNS-Tire 3.0: die Weiterentwicklung eines bewährten strukturmechanischen Reifenmodells*. In Tagungsband Darmstädter Reifenkolloquium, VDI-Berichte 512, S. 52–62. 1996.

[Gip98]   M. GIPSER. *Reifenmodelle für Komfort- und Schlechtwegsimulationen*. In Tagungsband 7. Aachener Kolloquium Fahrzeug- und Motorentechnik. IKA, RWTH Aachen, Oktober 1998.

[Gip99]   M. GIPSER. *Systemdynamik und Simulation*. Teubner Verlag, 1999.

[Gip01a]   M. GIPSER. *F-Tire, ein Reifenmodell für Handlings-, Komfort- und Lebensdauersimulation*. In Tagungsband *Fahrwerktechnik, Haus der Technik e.V.*. 2001.

[Gip01b]   M. GIPSER. *Reifenmodelle in der Fahrzeugdynamik: eine einfache Formel genügt nicht mehr, auch wenn sie magisch ist*. In Tagungsband *MKS-Simulation in der Automobilindustrie*. Graz, 2001.

[Gip02]   M. GIPSER. *Ftire: ein physikalisch basiertes, anwendungsorientiertes Reifenmodell für alle wichtigen fahrzeugdynamischen Fragestellungen*. In Tagungsband *4. Darmstädter Reifenkolloquium*. Oktober 2002.

[Gip05]   M. GIPSER. *FTire: a Physically Based Application-Oriented Tyre Model for Use with Detailed MBS and Finite-Element Suspension Models*. Supplement to Vehicle System Dynamics, Band 43:S. 76–91, 2005.

[GK89]   R. GASCH und K. KNOTHE. *Strukturdynamik, Band 2: Kontinua und ihre Diskretisierung*. Springer Verlag, 1989.

[GL98]   K. GUO und Q. LIU. *A Model for Tire Enveloping Properties and Its Application on Modelling of Automobile Vibration Systems*. SAE-Paper 980253, 1998.

[Gor06]   J. GORONCY. *Visionäre mit Realitätssinn*. Sonderheft Audi TT, Automobil Industrie, S. 28–33, 2006.

[Guo93]   K. GUO. *Tire Roller Contact Model for Simulation of Vehicle Vibration Input*. SAE-Paper 932008, 1993.

[Guy65]   R. GUYAN. *Reduction of Stiffness and Mass Matrices*. AIAA Journal, (2), 1965.

[Har78]   F. HARRIS. *On the Use of Windows for Harmonic Analysis with the Discrete Fourier Transform*. Proc. IEEE, Band 66:S. 51–83, 1978.

[Hee06]   A. HEER. *Sensitivitätsanalyse und Parameteroptimierung eines MKS-Fahrzeugmodells*. Diplomarbeit, Universität Stuttgart, 2006.

[Hei06]   D. HEISERER. *Linearized Multi Body Templates for Steady State Finite Element Dynamics*. Benchmark, Band 2:S. 22–26, April 2006.

[Hel01]   R. HELFRICH. *Dynamic Analysis with PERMAS*. In NAFEMS Seminar: *FEM in Structural Dynamics*. November 2001.

[Hib06]   R. HIBBELER. *Technische Mechanik 3 – Dynamik*. Fachliche Betreuung und Erweiterung: J. Wauer, W. Seemann, Universität Karlsruhe (TH), Prentice Hall, Pearson Studium, 2006.

[HPPK01]   J. HUDI, G. PROKOP, M. PAUSCH und P. KVASNICKA. *Integrated Application of Multibody Simulation in the Product-Development Process*. In Tagungsband *North American ADAMS User Conference*. Juni 2001.

[HRT03]   H. HAMMER, W. REINALTER und W. TIEBER. *Simulation von Schnittgrößen durch Befahren eines Handlingkurses*. Automotive Engineering Partners, Band 2:S. 78–81, 2003.

[Hur65]   W. HURTY. *Dynamic Analysis of Structural Systems Using Component Modes*. AIAA Journal, Band 3:S. 678–685, 1965.

[INT04]   INTES Ingenieurgesellschaft für technische Software mbH. *PERMAS User's Reference Manual*, 2004.

[int06]   *Homepage INTES Ingenieurgesellschaft für technische Software mbH*. http://www.intes.de, 2006.

[JVC⁺05]   S. JANSEN, L. VERHOEFF, R. CREMERS, A. SCHMEITZ und I. BESSELINK. *MF-Swift Simulation Study Using Benchmark Data*. Supplement to Vehicle System Dynamics, Band 43:S. 92–101, 2005.

[Keß89]   B. KESSLER. *Bewegungsgleichungen für Echtzeitanwendungen in der Fahrzeugdynamik*. Dissertation, Universität Stuttgart, 1989.

[KGH05]   M. KIENINGER, P. GROSSE und R. HEIM. *Virtuelle Produktentwicklung von Fahrwerkskomponenten auf Basis experimenteller Betriebsfestigkeis-Methoden unter Berücksichtigung des Systemverhaltens Fahrwerk*. VDI-Berichte Nr. 1912, S. 353–370, 2005.

[Kil82]   J. KILNER. *Pneumatic Tire Model for Aircraft Simulation*. Journal of Aircraft, Band 19(10):S. 851–857, 1982.

[Kip05]   A. KIPPING. *Numerical fatigue life prediction for the AUDI A6 trapezoidal link*. In Tagungsband *FEMFAT User Meeting*. 2005.

[KL86]   J. KISILOWSKI und Z. LOZIA. *Modelling and Simulating the Braking Process of Automotive Vehicle on Uneven Surface*. Supplement to Vehicle System Dynamics, Band 15:S. 250–263, 1986.

[KL94]   W. KORTÜM und P. LUGNER. *Systemdynamik und Regelung von Fahr-zeugen.* Springer Verlag, 1994.

[Klo88]   K. KLOTTER. *Technische Schwingungslehre, Erster Band: Einfache Schwinger, Dritte Auflage Teil A: Lineare Schwingungen.* Springer Verlag, 1988.

[KMFK03]   B. KASTREUZ, H. MACHER, C. FANHAUSER und K. KARACA. *Ein hybrider messtechnisch-simulatorischer Ansatz zur gezielten Auslegung der Körperschalldämpfung in Fahrzeugen.* VDI-Berichte Nr. 1846, 2003.

[KN00]   U. KIENCKE und L. NIELSEN. *Automotive Control Systems.* Springer Verlag, 2000.

[Kög95]   KÖGEL. *MSA-II-Standardauswertung (Mobile Signal Analyse).* Techni-scher Bericht, Robert Bosch GmbH, 1995.

[KS93]   W. KORTÜM und R. SHARP. *Multibody Computer Codes in Vehicle System Dynamics.* Supplement to Vehicle System Dynamics, Band 22, 1993.

[Küs04]   M. KÜSSNER. *ABAQUS-ADAMS-Interface,* 2004. ABAQUS Deutschland GmbH, Schulungsunterlagen bei Robert Bosch GmbH.

[LE00]   A. LION und M. EICHLER. *Gesamtfahrzeugsimulation auf Prüfstrecken zur Bestimmung von Lastkollektiven.* VDI Berichte Nr. 1559, S. 369–398, 2000.

[Lei92]   G. LEISTER. *Beschreibung und Simulation von Mehrkörpersystemen mit geschlossenen kinematischen Schleifen.* Dissertation, Universität Stuttgart, 1992.

[Lio01]   A. LION. *Gesamtfahrzeugsimulationen auf Schlechtwegstrecken zur Be-rechnung von zeitabhängigen Bauteilbelastungen.* In Tagungsband *MKS-Simulation in der Automobilindustrie.* Graz, 2001.

[Lio04]   A. LION. *Application of Elastic Bodies in the Durability simulation of Vehicles: Methods, Examples and Open Questions.* In NAFEMS Seminar: *Analysis of Multi-Body Systems Using FEM and MBS.* 2004.

[Lio05]   A. LION. *Einsatz flexibler Körper in der numerischen Lebensdauersi-mulation von Kraftfahrzeugen: Methoden, Beispiele und offene Fragen.* NAFEMS Magazin, Band 1, 2005.

[LMPS04]   P. LUGNER, W. MACK, M. PLÖCHL und H. SPRINGER. *Grundlagen der Mehrkörperdynamik*. Auszug aus dem Vorlesungsskriptum, Technische Universität Wien, 2004.

[LN67]   S. LIPPMANN und J. NANNY. *A Quantitative Analysis of the Enveloping Forces of Passenger Tires*. SAE-Paper 670174, 1967.

[LP05]   P. LUGNER und M. PLÖCHL. *Tyre Model Performance Test: First Experiences and Results*. Supplement to Vehicle System Dynamics, Band 43:S. 48–62, 2005.

[LPB65]   S. LIPPMANN, W. PICCIN und T. BAKER. *Enveloping Characteristics of Truck Tires – A Laboratory Evaluation*. SAE-Paper 650184, 1965.

[LPP05]   P. LUGNER, H. PACEJKA und M. PLÖCHL. *Recent Advances in Tyre Models and Testing Procedures*. Vehicle System Dynamics, Band 43(6-7):S. 413–436, 2005.

[LR00]   M. LANG und A. RIEPL. *Betriebsfestigkeits – Entwicklungsablauf*. In Tagungsband *Haus der Technik*. 2000.

[Man06]   D. U. MANUAL. *OptiSLang – the optimizing Structural Language*. Dynamic Software and Engineering GmbH, 2006.

[Mao05]   M. Z. MAOUKIL. *Reifenmodelle für die Fahrzeugsimulation auf Schlechtwegstrecken*. Diplomarbeit, Universität Karlsruhe, 2005.

[Mat98]   W. MATSCHINSKY. *Radführungen der Straßenfahrzeuge*. Springer Verlag, 1998.

[mat06]   *Homepage Mathworks*. http://www.mathworks.de, 2006.

[Mau99]   J. MAURICE. *Short Wavelength and Dynamic Tyre Behaviour under Lateral and Combined Slip Conditions*. Dissertation, Delft University of Technology, 1999.

[MJG04]   P. MAISSER, U. JUNGNICKEL und T. GRUND. *Elastische Komponenten in MKS-Tools am Beispiel von alaska*. In NAEMS Seminar: *Analysis of Multi-Body Systems Using FEM and MBS*. Oktober 2004.

[MK98]   M. MITSCHKE und B. KLINGNER. *Schwingungskomfort im Kraftfahrzeug*. ATZ Automobiltechnische Zeitschrift, Band 100(1):S. 18–24, 1998.

[MPS80]   P. MÜLLER, K. POPP und W. SCHIEHLEN. *Berechnungsverfahren für stochastische Fahrzeugschwingungen.* Ingenieur-Archiv, Band 49:S. 235–254, 1980.

[MSC03]   MSC.Software Corporation. *ADAMS User Manual, Apendix D, Theoretical Background,* 2003.

[msc06]   *Homepage MSC Software Corporation.* http://www.mscsoftware.com, 2006.

[MW04]   M. MITSCHKE und H. WALLENTOWITZ. *Dynamik der Kraftfahrzeuge.* Springer Verlag, 2004.

[NHDS04]   E. NEUWIRTH, K. HUNTER, K.-J. DITTMANN und P. SINGH. *Operativer Einsatz des Virtuellen Prüfstandes zur Darstellung von Betriebsfestigkeitsprüfungen an Gesamtfahrzeugen mithilfe Mehrkörpersimulation (MKS).* VDI Berichte 1846, S. 381–408, 2004.

[OEF00]   C. OERTEL, M. EICHLER und A. FANDRE. *RMOD-K: Modellsystem zur Simulation des Reifenverhaltens beim Überrollen kurzwelliger Bodenunebenheiten.* Gedas, 2000.

[Oer97]   C. OERTEL. *On Modelling Contact and Friction: Calculation of Tyre Response on Uneven Roads.* Supplement to Vehicle System Dynamics, Band 27:S. 289–302, 1997.

[Oer02]   C. OERTEL. *Kontakt- und Strukturmechanik in Reifenmodellen für die Mehrkörperdynamik.* In Tagungsband *MKS-Simulation in der Automobilindustrie.* Graz, 2002.

[OF99]   C. OERTEL und A. FANDRE. *Ride Comfort Simulations and Steps Towards Life Time Calculations.* In Tagungsband *International ADAMS Users' Conference.* 1999.

[OF01]   C. OERTEL und A. FANDRE. *Das Reifenmodellsystem RMOD-K, Ein Beitrag zum virtuellen Fahrzeug.* ATZ Automobiltechnische Zeitschrift, Band 103(11):S. 1074–1079, 2001.

[Pac02]   H. PACEJKA. *Tyre and vehicle dynamics.* Butterworth-Heinemann Verlag, 2002.

[Pac05]   H. PACEJKA. *Spin: Camber and Turning.* Supplement to Vehicle System Dynamics, Band 43:S. 3–17, 2005.

[Pap06]   E. PAPE. *Virtuelle Produktentstehung bei Volkswagen Nutzfahrzeuge am Beispiel des T5 4Motion.* In Tagungsband *7. Grazer Allradkongress, Vom Konzept zur Serienreife.* Februar 2006.

[Par61]   J. PARCHILOWSKIJ. *Spektrale Verteilungsdichte der Unebenheiten des Mikroprofils der Straßen und die Schwingungen des Kraftfahrzeuges.* Automobilnaja Promischlenost, Band 27(10), 1961.

[PB93]   H. PACEJKA und E. BAKKER. *The Magic Formula Tyre Model.* Supplement to Vehicle System Dynamics, Band 21:S. 1–18, 1993.

[PB97]   H. PACEJKA und I. BESSELINK. *Magic Formula Tyre Model with Transient Properties.* Supplement to Vehicle System Dynamics, Band 27:S. 234–249, 1997.

[Pre99]   G. PRESCHANY. *NVH-Simulation mit einem MKS-Gesamtfahrzeugmodell.* In Tagungsband *3. Stuttgarter Symposium Kraftfahrwesen und Verbrennungsmotoren.* Februar 1999.

[PS93]   K. POPP und W. SCHIEHLEN. *Fahrzeugdynamik.* Teubner Verlag, 1993.

[Rab01]   M. RABL. *Fahren auf der Schlechtwegstrecke.* Diplomarbeit, Technische Universität Wien, 2001.

[Rau03]   J. RAUH. *Virtual Development of Ride and Handling Characteristics for Advanced Passenger Cars.* Vehicle System Dynamics, Band 40(1-3):S. 135–155, 2003.

[Rau05]   G. RAU. *Akustik- und Schwingungsoptimierung an Getriebeträgern.* ATZ Automobiltechnische Zeitschrift, Band 107(8):S. 594–598, 2005.

[Rei86]   J. REIMPELL. *Fahrwerktechnik: Reifen und Räder.* Vogel Verlag, 1986.

[Rei00]   J. REIMPELL. *Fahrwerktechnik: Grundlagen.* Vogel Verlag, 2000.

[RFR02]   A. RIEPL, G. FRUHMANN und W. REINALTER. *Rough Road Simulation, A Simulation Tool to Reduce the Development Risks.* In Tagungsband *AVEC.* Hiroshima, 2002.

[RH00]   A. RIEPL und S. HOFBAUER. *Schwingungsuntersuchungen an allradgetriebenen Fahrzeugen mit Hilfe der Methode der Mehrkörpersysteme.* In Tagungsband *Simulation im Maschinenbau.* Dresden, Februar 2000.

[RHS01] A. RIEPL, S. HOFBAUER und R. STROBL. *Einsatz der MKS-Simulation zur Ermittlung der schädigungsrelevanten Belastungen eines 4x4-Antriebsstrangs*. In Tagungsband *Systemanalyse in der Kfz-Antriebstechnik, Haus der Technik*. Expert Verlag, 2001.

[Ric90] B. RICHTER. *Schwerpunkte der Fahrzeugdynamik*. TÜV Rheinland Verlag, 1990.

[Rie97] K. RIEGER. *Echtzeitsimulation komplexer Fahrzeugmodelle mit Hardware-Reglerkomponenten*. Dissertation, Universität Stuttgart, 1997.

[Rie01] A. RIEPL. *MKS-Simulation bei SFT*. In Tagungsband *MKS-Simulation in der Automobilindustrie*. Graz, 2001.

[Ril] G. RILL. *Vehicle Dynamics*. Vorlesungsskript, FH Regensburg, 2003.

[Ril83] G. RILL. *Instationäre Fahrzeugschwingungen bei stochastischer Erregung*. Dissertation, Universität Stuttgart, 1983.

[Ril94] G. RILL. *Simulation von Kraftfahrzeugen*. Vieweg Verlag, 1994.

[Rio06] V. RIOU. *Simulation of Vibration Tests for Fatigue Prediction of a Nonlinear ESP Mounting Using Flexible Multibody Systems*. DRT of mechanical engineering, Université de Valenciennes, 2006.

[RRF03] A. RIEPL, W. REINALTER und G. FRUHMANN. *Rough Road Simulation with Tire Model RMOD-K and FTire*. In Tagungsband *18th IAVSD Symposium*. Kanagawa, 2003.

[RRF04] W. REINALTER, A. RIEPL und G. FRUHMANN. *Analyzing the Effects of Road-Excited Vibrations on the Engine Mounts of a Complete-Vehicle*. In Tagungsband *FISITA World Automotive Congress*. Barcelona, 2004.

[RRS04] A. RIEPL, W. REINALTER und M. SCHMID. *Application of Tire Model FTire in the Vehicle Development Process at MAGNA STEYR Fahrzeugtechnik*. In Tagungsband *3rd International Tyre Colloquium*. Wien, 2004.

[RSR00] A. RIEPL, M. SCHMID und W. REINALTER. *Application of ADAMS/Car in Vehicle Development*. In Tagungsband *International ADAMS User Conference*. 2000.

[RSR01] A. RIEPL, R. STROBL und W. REINALTER. *MKS-Simulation in der Entwicklung*. In Tagungsband *Haus der Technik*. Graz, Februar 2001.

[RSRS02]   A. RIEPL, M. SCHMID, W. REINALTER und R. STROBL. *Application of ADAMS/Car in the Concept Phase of Vehicle Development*. In Tagungsband *International ADAMS User Conference*. Scottsdale, Arizona, 2002.

[Run05]   J. RUNGE. *Experimentelle Modalanalyse an ESP-Hydroaggregat*. Technischer Bericht, Robert Bosch GmbH, 2005.

[SBHN05]   A. SCHMEITZ, I. BESSELINK, J. D. HOOGH und H. NIJMEIJER. *Extending the Magic Formula and SWIFT tyre models for inflation pressure changes*. VDI-Berichte Nr. 1912, S. 201–225, 2005.

[Sch60]   H. SCHLITT. *Systemtheorie für regellose Vorgänge*. Springer Verlag, 1960.

[Sch86]   W. SCHIEHLEN. *Technische Dynamik*. Teubner Verlag, 1986.

[Sch90a]   W. SCHIEHLEN. *Multibody Systems Handbook*. Springer Verlag, 1990.

[Sch90b]   K.-P. SCHNELLE. *Simulationsmodelle für die Fahrdynamik von Personenkraftwagen unter Berücksichtigung der nichtlinearen Fahrwerkkinematik*. Dissertation, Universität Stuttgart, 1990.

[Sch04]   A. SCHMEITZ. *A Semi-Empirical Three-Dimensional Model of the Pneumatic Tyre Rolling over Arbitrarily Uneven Road Surfaces*. Dissertation, Technische Universität Delft, 2004.

[Sch05a]   A. SCHMEHMANN. *Durability Analysis of Vibrating Structures in Commercial Vehicles*. In Tagungsband *FEMFAT User Meeting*. 2005.

[Sch05b]   A. SCHUMACHER. *Optimierung mechanischer Strukturen – Grundlagen und industrielle Anwendungen*. Springer Verlag, 2005.

[SFR03]   R. STROBL, G. FRUHMANN und A. RIEPL. *Ganzheitliche Betrachtung des Pähnomens Motorstuckern: virtuelles Fahrbahnprofil, physikalisches Reifenmodell FTire, hybrides Gesamtfahrzeugmodell*. VDI-Berichte Nr. 1791, 2003.

[Sha98]   A. SHABANA. *Dynamics of Multibody Systems*. Cambridge University Press, 1998.

[SP00]   A. SCHMEITZ und J. PAUWELUSSEN. *High Frequency Tyre Response for Arbitrary Road Input*. In Tagungsband *Fahrwerktechnik, Haus der Technik*. Essen, Juni 2000.

[SP01]   A. SCHMEITZ und J. PAUWELUSSEN. *An Efficient Dynamic Ride and Handling Tyre Model for Arbitrary Road Unevennesses*. VDI-Berichte Nr. 1632, S. 173–199, Oktober 2001.

[SW88]   R. SCHIESCHKE und U. WURSTER. *IPG-TIRE – Ein flexibles, umfassendes Reifenmodell für den Einsatz in Simulationsumgebungen*. Automobil-Industrie, Band 5:S. 495–500, 1988.

[SW99]   R. SCHWERTASSEK und O. WALLRAPP. *Dynamik flexibler Mehrkörpersysteme*. Vieweg Verlag, 1999.

[swi06]   *Homepage SWIFT*. http://www.delft-tyre.com, 2006.

[TNO04]   TNO Automotive. *MF-Tyre User Manual*, 2004.

[Tro02]   M. TROULIS. *Übertragungsverhalten von Radaufhängungen für Personenwagen im komfortrelevanten Frequenzbereich*. Dissertation, Universität Karlsruhe, 2002.

[Voy77]   C. VOY. *Die Simulation vertikaler Fahreugschwingungen*. Dissertation, Technische Universität Berlin, 1977.

[Wed03a]   W. WEDIG. *Dynamics of Cars Driving on Stochastic Roads*. Computational Stochastic Mechanics, S. 647–654, 2003.

[Wed03b]   W. WEDIG. *Vertical Dynamics of Riding Cars under Stochastic and Harmonic Base Excitations*. In Tagungsband *IUTAM Symposium on Chaotic Dynamics and Control of Systems and Processes in Mechanics*. 2003.

[WHMP02]   L. WITTE, K. HASSEL, T. MAULICK und G. PRESCHANY. *Prozesskette „Virtuelle Prüfstrecke" bei Porsche*. Tagungsband „Automotive Circle International" Conference, 2002.

[Wil98]   H.-P. WILLUMEIT. *Modelle und Modellierungsverfahren in der Fahrzeugdynamik*. Teubner Verlag, 1998.

[Wim97]   J. WIMMER. *Methoden zur ganzheitlichen Optimierung des Fahrwerks von Personenkraftwagen*. Dissertation, Universität Stuttgart, 1997.

[Zeg98]   P. ZEGELAAR. *The Dynamic Response of Tyres to Brake Torque Variations and Road Unevennesses*. Dissertation, Technische Universität Delft, 1998.

[ZW88]   J. ZAMOW und L. WITTE. *Fahrzeugsimulation unter Verwendung des Starrkörperprogramms ADAMS*. VDI-Berichte Nr. 699, S. 287–309, 1988.

Verwendete Abkürzungen

Bezeichnung	Bedeutung
CDTire	Comfort and Durability Tire
DFG	Deutsche Forschungsgemeinschaft
DoE	Design of Experiments
DFT	Diskrete Fourier-Transformation
ESP	Elektronisches Stabilitätsprogramm
eMKS	Elastisches Mehrkörpersystem
MKS	Mehrkörpersystem
FEM	Finite Elemente Methode
FTire	Flexible Ring Tire Model
ICP	Integrated Circuit Piezoelectric
RMOD-K	Reifenmodell für Komfortuntersuchungen
SWIFT	Short Wavelength Intermediate Frequency Tyre Model
TMPT	Tyre Model Performance Test

Verwendete Formelzeichen

Bezeichnung	Bedeutung
${}^{G}\mathbf{A}^{B}$	Transformationsmatrix von Koordinatensystem B zu Koordinatensystem G
$a,\ b,\ c$	Formparameter der Walzen (Rigid-Ring)
b_{S}	Bewertungsgröße für Schlagleiste
b_{W}	Bewertungsgröße für Waschbrettstrecke
C_{xx}	Korrelationsmatrix
c	Steifigkeit des Reifengürtels
c_0	Lineare Steifigkeit
c_k	Kontaktsteifigkeit
$c_{\mathrm{Ers\_P}}$	Ersatzsteifigkeit (Parallelschaltung)
$c_{\mathrm{Ers\_R}}$	Ersatzsteifigkeit (Reihenschaltung)
$\mathbf{D}$	Dämpfungsmatrix
$\hat{\mathbf{D}}$	Reduzierte Dämpfungsmatrix
D	Lehr'sches Dämpfungsmaß
d	Dämpfungskoeffizient des Reifengürtels
$\mathbf{F}$	Äußere Kräfte
$\hat{\mathbf{F}}$	Reduzierte äußere Kräfte
F_0	Statische vertikale Radkraft
F_x	Längskraft des Reifens
F_z	Vertikalkraft des Reifens
f	Frequenz
$f(n)$	Maximale Grenzfrequenz
Δf	Frequenzauflösung für Bewertungsgröße

Fortsetzung auf der nächsten Seite

Bezeichnung	Bedeutung
$H(j\Omega)$	Übertragungsfunktion
$h(x)$, $h(t)$	Unebenheitsfunktion
$\hat{h}(\Omega)$, $\hat{h}(\omega)$	Kontinuierliches Amplitudenspektrum
$\hat{h}(\Omega_n)$, $\hat{h}(\omega_n)$	Diskretes Amplitudenspektrum
$\mathbf{K}$	Steifigkeitsmatrix
$\hat{\mathbf{K}}$	Reduzierte Steifigkeitsmatrix
L	Wellenlänge der Fahrbahn
L	Federlänge der Kontaktsteifigkeit (Rigid-Ring)
L_0	Ungespannte Federlänge der Kontaktsteifigkeit (Rigid-Ring)
l	Horizontaler Abstand der beiden Walzen (Rigid-Ring)
$\mathbf{M}$	Massenmatrix
$\hat{\mathbf{M}}$	Reduzierte Massenmatrix
m	Anzahl Freiheitsgrade des reduzierten Systems
m	Gürtelmasse des Reifens
$m(i)$	Amplitudenspektrum der Messung für Bewertungsgrößen
N	Anzahl der Samples
n	Anzahl Freiheitsgrade des Originalsystems
$\mathbf{Q}$	Generalisierte Kräfte
$\mathbf{Q}_\mathrm{T}$	Generalisierte translatorische Kräfte
$\mathbf{Q}_\mathrm{R}$	Generalisierte Momente
$\mathbf{Q}_\mathrm{M}$	Generalisierte modale Kräfte
$\mathbf{q}$	Koordinatenvektor der reduzierten Freiheitsgrade
$\mathbf{q}_\mathrm{C}$	Koordinatenvektor der statischen Verschiebungsformen (constraint modes)
$\mathbf{q}_\mathrm{N}$	Koordinatenvektor der modalen Nebenfreiheitsgrade (fixed boundary normal modes)
$\mathbf{r}$	Eigenvektoren
$\vec{r}_p$, $\vec{s}_p$, $\vec{u}_p$, $\vec{x}$	Positionsvektoren
$\mathbf{r}_P$, $\mathbf{s}_P$, $\mathbf{u}_P$, $\mathbf{x}$	Positionsvektoren in Matrixform
$\mathbf{R}$	Transformationsmatrix
$S(\Omega)$	Spektrale Leistungsdichte des Rauschprozesses

Fortsetzung auf der nächsten Seite

Bezeichnung	**Bedeutung**
$s(i)$	Amplitudenspektrum der Simulation für Bewertungsgrößen
$\mathbf{T}$	Äußere Momente
T	Periodendauer einer Schwingung
$\mathbf{u}$	Koordinatenvektor der Freiheitsgrade
$\mathbf{u}_M$	Koordinatenvektor der Hauptfreiheitsgrade (Master)
$\mathbf{u}_S$	Koordinatenvektor der Nebenfreiheitsgrade (Slave)
$v(t)$	Fahrzeuggeschwindigkeit
w	Welligkeit
$w(X)$, $w(t)$	Effektive Höhe der Fahrbahn (Rigid-Ring)
x	Lokale Koordinate (Rigid-Ring)
x_j	Ausgangsparameter
x_i	Eingangsparameter
Z_r, Z_l	Mittelpunktshöhen der rechten und linken Walze (Rigid-Ring)
z	Lokale Koordinate (Rigid-Ring)
β	Parameter für Fahrbahnmodellierung
$\beta(X)$, $\beta(t)$	Effektive Neigung der Fahrbahn (Rigid-Ring)
Λ	Logarithmisches Dekrement
μ_{x_i}	Mittelwert
$\mathbf{\Phi}$	Transformationsmatrix
$\mathbf{\Phi}_{\text{orth}}$	Orthonormalisierte Transformationsmatrix
$\Phi_h(\Omega)$	Spektrale Unebenheitsdichte
$\Phi_h(\Omega_0)$	Unebenheitsmaß
ϕ	Eigenvektoren
ϕ	Phase der Übertragungsfunktion des Messsystems
φ	Rotatorische Freiheitsgrad des Kreisrings (Rigid-Ring)
ρ_{ij}	Lineare Korrelation
σ_x	Standardabweichung
σ_x^2	Varianz
τ_G	Gruppenlaufzeit

Fortsetzung auf der nächsten Seite

Formelzeichen - Fortsetzung von der vorherigen Seite

Bezeichnung	Bedeutung
$\boldsymbol{\xi}$	Generalisierter Koordinatenvektor
ξ	Longitudinaler Freiheitsgrad des Kreisrings (Rigid-Ring)
ζ	Vertikaler Freiheitsgrad des Kreisrings (Rigid-Ring)
ω	Eigenkreisfrequenz
ω_0	Eigenkreisfrequenz des ungedämpften Systems
Ω	Wegkreisfrequenz
Ω_0	Bezugswegkreisfrequenz